E小 **探索** 者人文系列
Explore

Xiong Wei

雄伟的建筑

Jian Zhu

田战省 主编

吉林出版集团

北方妇女儿童出版社

图书在版编目（CIP）数据

雄伟的建筑/畲田编写.—长春：北方妇女儿童出版社，
2009.12（2019.4 重印）
（小探索者人文系列/田战省主编）
ISBN 978-7-5385-5189-1

Ⅰ.雄伟… Ⅱ.畲… Ⅲ.历史—青少年读物 Ⅳ.Q95-49

中国版本图书馆 CIP 数据核字（2007）第 149017 号

E小探索者人文系列
Explore

Xong Wu

雄伟的建筑

Jan Zhu

主　　编	田战省
出 版 人	李文学
策　　划	刘　刚
责任编辑	金敬梅　王　贺
装帧设计	李亚兵
图文编排	张艳玲　马孟婕
开　　本	787mm×1092mm　16 开
字　　数	50 千字
印　　张	6
版　　次	2011 年 1 月第 1 版
印　　次	2019 年 4 月第 3 次印刷

出　　版　吉林出版集团　北方妇女儿童出版社
发　　行　北方妇女儿童出版社
地　　址　长春市人民大街 4646 号
　　　　　邮编：130021
电　　话　编辑部：0431-85634730
　　　　　发行科：0431-85640624
网　　址　http://www.bfes.cn
印　　刷　天津海德伟业印务有限公司

ISBN 978-7-5385-5189-1　　定价：21.00 元

前言
Foreword

建筑就像传说中的多面女郎，她可以气吞山河般雄壮，亦能够玲珑剔透样精巧；深沉时坐拥着磐石的坚固，灵动处闪耀着琉璃的光泽。建筑物是一件艺术品，常常让人徜徉其间，流连忘返；建筑物更是一个温暖的家园，遮风避雨的同时也在庇护着人类的躯体和灵魂。

本书精选了古今中外四十余座驰名的建筑：万里长城传承了中华民族两千多年灿烂的文明，帆船酒店载着二十世纪末的历史跨越到更加辉煌的新世纪，埃及的法老们将金字塔的秘密保存了数千年，悉尼歌剧院的音乐响彻在整个蓝色星球的夜空中……相信这一座座著名的建筑物让我们在安享美妙视觉盛宴的同时，还能深切地感悟到人类伟大的创造力和影响力。

为了便于青少年朋友的理解，本书精心挑选了多幅珍贵的插图，配以优美的文字，以期为您的阅读带来新的体验。此外，在每个专题后还补充了一个相关的小栏目，增加了书的趣味性。希望青少年朋友能在阅读中接受文化与精神的双重洗礼，培养出更高的审美情趣。

目录

Contents

什么是建筑 >>>

建 筑最初是被人类当成一个可以遮风挡雨、防寒祛暑的屏障，随着时代的发展和科技的进步，人们逐渐重视起建筑的实用性和装饰性，建筑也越来越具有审美的性质，成为人类重要的物质文化形式之一。

巴黎圣母院是法国巴黎著名的天主教堂，约建造于1163—1250年，属哥特式建筑形式，室内藏有13—17世纪的许多艺术珍品。

故宫，又名紫禁城，位于北京市中心。今天人们称它为故宫，意为过去的皇宫。故宫是无与伦比的古代建筑杰作，是世界现存最大、最完整的古建筑群，被誉为世界五大宫之首。

建筑的分类

建筑可以从不同角度进行分类：根据材料的不同，可分为木结构建筑、砖石建筑、钢筋水泥建筑和钢木建筑等；根据建筑所体现的民族风格，可分为中国式、日本式、意大利式、英吉利式、俄罗斯式、伊斯兰式、印第安式建筑等；根据建筑的时代风格，可分为古希腊式、古罗马式、哥特式、文艺复兴式、巴洛克式和古典主义式建筑等；根据使用目的的不同，将建筑分为住宅建筑、生产建筑、公共建筑、文化建筑、园林建筑、纪念性建筑、陵寝建筑、宗教建筑等。

中国古代建筑

中国古代建筑的种类繁多，包括宫殿、陵园、寺院、园林、桥梁、塔刹等。这些建筑主要以茅草、木材为建筑材料，以木架构为结构方式。无论是气势恢弘的万里长城，还是庄严绚丽的故宫博物院，亦或是典雅质朴的苏州园林，均完美地体现了中国古代建筑艺术的最高水平。

哥特式建筑

长期以来，基督教在欧洲人心中占有至高无上的地位，哥特式建筑就是这种地位的体现。哥特式建筑的特点是尖塔高耸、尖形拱门、大窗户及绘有《圣经》故事的花窗玻璃。高耸的尖塔、巨大的拱门给人营造出一种高高在上的感觉；雄伟的外观和教堂内的开阔空间，再结合镶着彩色玻璃的长窗，使教堂内产生一种浓厚的宗教气氛。

米兰大教堂是世界上最大的哥特式教堂，也是文艺复兴时期具有代表性的建筑物。它的建筑风格十分独特，上半部是哥特式风格，下半部是典型的巴洛克式风格。

建 筑 师

建筑师通过与工程投资方和施工方的合作，在技术、经济、功能和造型上实现建筑物的建造。在日益复杂的建筑领域，建筑师越来越多地扮演一种在建筑投资方和专业施工方之间的沟通角色。我们一般认为建筑师是艺术家而不是工程师，他们设计的作品通常都先需要工程师从力学角度计算，选取合适的工程材料后才能付诸实践。

布拉曼特是文艺复兴时期意大利最杰出的建筑家，他一生主要在米兰和罗马工作。圣彼得大教堂最初是由布拉曼特设计的，但直到他逝世时还没有完工。上图为布拉曼特雕像。

普利兹克建筑奖

普利兹克建筑奖是由杰伊·普利兹克和他的妻子发起、凯悦基金会赞助的一个主要针对建筑师个人颁发的奖项。每年约有五百多名建筑设计师被提名，由来自世界各地的知名建筑师及学者组成评审团，评出一个获奖的个人或组合。普立兹克建筑奖因其独一无二的权威性和影响力，有"建筑诺贝尔奖"之称。

西班牙圣地亚哥大教堂是巴洛克建筑的代表，它修建于11世纪。

长城

长城主要分布于中国北部和中部的广大土地上，总长约6300千米，因此也被称为"万里长城"。长城是中国古代统治者为抵御北方游牧民族的入侵而修建的防御工程。如此浩大的工程在整个世界历史上也是绝无仅有的，因而被誉为"世界七大奇迹之一"。

万里长城透迤于崇山峻岭之间。

旅游名胜

长城是我国古代劳动人民创造的伟大奇迹，是中国悠久历史的见证，被世人视为中国的象征。如今的长城，虽然失去了防止外敌入侵的屏障作用，却成为中外游客追捧的旅游名胜，每年都有成千上万的游人从世界各地赶来一睹它的风采。"不到长城非好汉"，毛泽东大气磅礴的诗句更是激发了人们游览长城的热情。

明长城

长城的修筑最早始于春秋战国时期，以后历代君王大都加固增修长城，其中秦、汉、明三个朝代所修长城的长度都超过了5000千米。我们今天看到的长城，大多数都是明代长城遗址。明朝在"外边"长城之外，还修筑了"内边"长城和"内三关"长城。"内三关"长城在很多地方和"内边"长城并行，有些地方两城相隔仅数十里。

烽火台是长城的一大特色，它们最大的作用是传递军情。

历史回音壁

传说秦始皇征集几十万劳工修筑长城，有个叫孟姜女的人千里寻夫到长城的修筑地，可是却听到了丈夫累死的噩耗，伤心不已的孟姜女嚎啕大哭，泪流不止，最后将坚固的长城给哭倒了。

"一夫当关，万夫莫开"

关城是万里长城防线上最为重要的防御据点，古代的将士们大多是驻扎在关城保卫自己的国家，所以关城位置的选择就显得非常重要，它们全部都设置在利于防守的地区，这样就能够收到以少胜多的最佳效果，因此形象地被称为"一夫当关，万夫莫开"。著名的关城有山海关、居庸关、雁门关、嘉峪关、阳关和玉门关。

山海关

秦始皇筑长城

公元前221年，秦始皇统一中国。第二年，秦始皇以蒙恬为大将，开始大规模修筑长城。在蒙恬的指挥下，秦人一直修筑了十几年，才把从前燕、赵等国的北方长城连接起来。它东起辽东半岛，西到甘肃岷县，长达两千多千米，形成了万里长城的最早雏形。长城的修筑使北方匈奴及其他民族再也不会轻而易举地南下侵略，换得了边境的一度和平。

长城是我国古代劳动人民创造的伟大奇迹，是中国悠久历史的见证，它与北京天安门、临潼兵马俑一起被世人视为中国的象征。

故宫

故宫位于中国首都北京市的中心，原来叫做紫禁城，现在被称为"故宫博物院"。这里曾经是明清两代的皇宫，一共住过24个皇帝。整个建筑群看起来金碧辉煌，庄严绚丽，被联合国教科文组织列为"世界文化遗产"。

故宫虽经明、清两代多次重修和扩建，仍然保持原来的布局。整组宫殿建筑布局严谨，秩序井然，寸砖片瓦皆遵循着封建等级礼制，彰显出帝王至高无上的权威。

名称的由来

紫禁城这个名称借喻的是紫微星垣，我国古代天文学家曾把天上的恒星分为三垣、二十八宿和其他星座。三垣包括太微垣、紫微垣和天市垣，紫微星垣在三垣中央，因此成了代表天帝的星座。天帝住的地方叫紫宫，所以故宫原来的名字叫做紫禁城。北京的紫禁城是从明成祖永乐五年即1407年开始筹备，历时13年才修建完成，施工中除了征集全国著名的工匠十万多人，还使用民夫一百多万。

殿宇的海洋

庞大的故宫一共有殿宇宫室九千多间，所以被称为"殿宇的海洋"。它是我国现存最大、最完整的古建筑群，总面积达七十二万多平方米。整个故宫由外朝、内廷两大部分组成。外朝以太和殿、中和殿、保和殿、文华殿和武英殿组成，是朝廷举行

保和殿是三大殿之一，每年除夕皇帝在这里赐宴外藩王公，这里也是科举考试举行殿试的地方。

历史回音壁

传说当初刘伯温负责监造皇宫时，朱元璋故意为难他，要求他造个不到1000间却像天宫般的皇宫，而且要请来金刚、地煞保护皇宫，没想到刘伯温领旨就去办了。后来才知道他命人造了房屋999间，还摆上36口包金大缸、挖上72条地沟代替金刚和地煞。

大典的地方。外朝的后面是内廷，有乾清宫、交泰殿、坤宁宫、御花园以及东、西六宫等，是皇帝处理日常政务和后妃们居住的地方。

文物宝库

故宫博物院是个大型的文物宝库，里面收藏了大量古代的艺术珍品，大约有一百多万件，这个数目占到全国文物总数的六分之一，是国内收藏文物最丰富的博物馆，其中很多文物都是绝无仅有的无价之宝。像春秋立鹤方壶、战国秦石鼓、韩滉《五牛图》、五代顾闳中《韩熙载夜宴图》、宋张择端《清明上河图》、王希孟《千里江山图》和元杨茂"剔红牡丹纹尊"等作品，均在海内外久负盛名。

图为《清明上河图》的局部。《清明上河图》生动地记录了中国 12 世纪北宋都城汴京的城市生活景象，这在中国乃至世界绘画史上都是独一无二的。

乾清宫

乾清宫是故宫内廷正殿，是皇帝上朝、读书和就寝的地方。宫殿的正中有皇帝的宝座"龙椅"，曾经的24 位皇帝就是坐在这里对"自己的天下"进行统治。大殿正中上方的横梁上挂了一块写着"正大光明"的匾，据说这块匾额在清代的雍正时，被规定为放置皇位继承人名字的地方。而大殿两头还建有两个暖阁，是皇帝用来读书学习和休息睡觉的地方。

故宫多用黄色琉璃瓦，这种用法来源于古代经典《尚书》中的五行说。"黄色"代表"土"，土是万物之本，皇帝在古代也是万民之本，所以皇宫多用黄色。

布达拉宫

布达拉宫是世界上海拔最高的古代宫殿，也是西藏现存最大最完整的古代宫殿建筑，被誉为"世界屋脊上的明珠"。最初是松赞干布为迎娶文成公主而兴建的，17世纪重建后，布达拉宫成为历代达赖喇嘛的冬宫居所，也是西藏政教合一的统治中心。

建筑历史

布达拉宫始建于公元7世纪，当时西藏的吐蕃王松赞干布为迎娶唐朝的文成公主，特别在红山之上为文成公主修建了九层楼宫殿一千间，取名布达拉宫。自从五世达赖喇嘛受清顺治皇帝册封成为西藏政教首脑后，布达拉宫不仅是政权机关所在地，也成了达赖的居所，于是布达拉宫自然就成了当地人顶礼膜拜、供奉香火的圣地，此后历代达赖又相继扩建，终于使布达拉宫有了今天的规模。

红宫和白宫

布达拉宫正中的宫殿呈褐红色，称为红宫，为历世达赖喇嘛的灵堂和佛堂所在地。整个建筑群占地十余万平方米，房屋数千间，布局严谨，错落有致，体现了西藏建筑工匠的高超技艺。殿内除乾隆御赐"涌莲

白宫

历史回音壁

"布达拉"是梵语音译，意思是"普陀"。普陀山是佛教中观世音菩萨教化众生的道场，所以布达拉宫俗称"第二普陀山"，而松赞干布和达赖喇嘛在藏族人眼里都是观世音菩萨在世间的化身。

初地"匾额外，还保存有康熙皇帝所赐大型锦绣幔帐一对，此为布达拉宫内的稀世珍品。两侧的宫殿呈白色，称为白宫，是历代达赖喇嘛处理政务和生活起居之所。白宫有各种殿堂长廊，摆设精美，布置华丽，墙上还绘有许多与佛教有关的绘画。

达赖喇嘛以前在布达拉宫的住处

法王洞

法王洞是布达拉宫内最古老的建筑之一，大约建于公元 7 世纪的吐蕃时期。据传被西藏佛教徒尊称为法王的松赞干布当年曾在此修行。殿内有松赞干布、文成公主、尺尊公主以及吐蕃王朝大臣禄东赞和吞米·桑布扎等人的塑像。吞米·桑布扎相传为藏文创始人，曾经和其他 15 名聪颖俊秀的青年一起前往天竺拜师访友，学习梵文和天竺文字，而禄东赞是当年松赞干布派往长安求婚的使者。

文物宝库

布达拉宫内收藏了大量文物珍宝，有各式的佛教卷轴画近万幅，金质、银质、玉石、木雕、泥塑的各类佛像数以万计；此外还有历代达赖喇嘛的灵塔，明清皇帝的赦书、印玺，各界赠送的印鉴、礼品、匾额和经卷，宫中自用的典籍、法器和供器等。其中如金汁书写的《甘珠尔》、贝叶经《时轮注疏》、释迦牟尼指骨舍利、清朝皇帝御赐的金册金印等都堪称稀世珍宝，价值连城。

布达拉宫依山而筑，宫宇叠砌，巍峨耸峙，气势磅礴。其建筑艺术体现了藏族传统的石木结构碉楼形式和汉族传统的梁架、金顶、藻井的特点。

13

云南三塔

云南三塔也叫崇圣寺三塔,是中国云南境内有名的佛教建筑。三塔在历史上代表了曾经的大理国文明,如今除了位列中国南方最古老雄伟的建筑之一外,还是整个云南省古代历史文化的象征。1961年3月,国务院将其列为全国第一批重点文物保护单位。

崇圣寺

云南三塔呈三足鼎立之势矗立在崇圣寺正前方,以寺为名,取名崇圣寺三塔。崇圣寺初建于南诏丰佑年间,即公元824—859年。寺庙壮观的庙宇大部分在清代咸丰和同治年间已经毁坏,只有三座塔完好地保留了下来。该组建筑群位于大理古城以北1.5千米处的苍山应乐峰下,背靠苍山,面临洱海,三塔由一大二小三座佛塔组成,远远望去,卓然挺秀,俊逸不凡,是苍洱胜景之一。

崇圣寺三塔,从修建至今,除经历上千年风吹雨打和日晒之外,还经历过三十余次强地震的考验。

佛教名塔

崇圣寺修成之后成了南诏国和大理国时期佛教活动的中心。南诏国时期,骠国(今缅甸)国王和王子在南诏王的陪同下到崇圣寺敬香,从而使崇圣寺三塔成为东南亚、南亚地区崇尚的"佛都"。到了大理国时期,星逻(今泰国)国王曾两次到崇圣寺迎取佛牙,大理国王更以玉佛相赠。由于当地统治者的大力倡导,崇圣寺三塔成为流传千古的佛教名塔。

崇圣寺山门

千寻塔

云南三塔的主塔名叫千寻塔。千寻塔共有16层,底部宽9.9米,现存高度为69.13米。该塔是典型的唐代建筑,造型与西安市的小雁塔非常相似。整个塔身外部都涂上白灰,显得庄严肃穆,内壁则设有木质楼梯,垂直贯通上下,顺着楼梯可以到达塔顶。千寻塔的塔顶设有瞭望孔,透过这些小孔,游人很容易将古朴的大理城美景尽收眼底,真正做到一览无遗。

三塔矗立于崇圣寺大门前,寺东为千寻塔,即大塔,南、北为小塔,排列成三角形。

历史回音壁

南诏国修建崇圣寺三塔,除了宣传佛家思想外,据说还有一个重要作用是为了防止水灾。中国传统文化认为水是由龙控制的,只要镇住了龙就能防止水灾的发生,南诏国自古多水患,所以修塔来镇压引起水患的龙。

"堆土建塔"与"挖土现塔"

相传崇圣寺三塔的修建,采用了非常奇妙的办法。整个修筑过程都是先垫一层土,再修一层塔,等到整个塔修好以后,才将所垫之土逐层挖去,让塔完整地显现出来,所以便有了"堆土建塔"与"挖土现塔"的说法。

崇圣寺古有楹联一副:"万古云霄三塔影,诸天风雨一楼钟。"

悬空寺

位于山西浑源县的恒山悬空寺是中国古代建筑史上的一朵奇葩，无论是它那高超的建筑艺术，还是美轮美奂的建筑风格，都最完美地展现了中国古代劳动人民的聪明才智。

寺庙内的雕像

三教合一的寺庙

悬空寺是国内仅存的佛、道、儒三教合一的独特寺庙。它始建于1400多年前的北魏王朝后期，历代都对其作过修缮。北魏王朝将道家的道坛从大同南移到恒山，古代工匠根据道家"不闻鸡鸣犬吠之声"的要求建设了悬空寺。悬空寺内的塑像很多，但这些塑像很是特殊，因为悬空寺的三教殿内，三教的三位代表人物释迦牟尼、老子、孔子的塑像共居一室，中国像这样三教始祖同居一室的情况非常罕见，实在令人称奇。

悬空寺之悬

悬空寺始建初期，最高处的三教殿离地面90米，整个寺庙很好地发展了我国的建筑传统和建筑风格，最大的一个特色在于一个"悬"字。全寺共有殿阁40间，表面看上去支撑它们的是十几根碗口粗的木柱，其实有的木柱根本不受力。而真正的重心则是撑在坚硬的岩石里，岩石凿成了形似直角梯形的样子，然后插入飞梁，利用力学原理半插飞梁为基。

历史回音壁

中国一共有七座悬空寺，其中大慈岩悬空寺和西山悬空寺位于南方，剩下的全都在北方，分别是山西恒山悬空寺、河北苍岩山悬空寺、陕西榆林悬空寺石窟、河南淇县朝阳悬空寺和青海西宁悬空寺。

奇特的木质结构

悬空寺所用的木料全是用当地的特产铁杉木加工而成，铁杉木是一种非常好的建筑木材，既美观又结实，而且经过风吹雨淋后不会变黑，仍能保持鲜亮的色泽。据说建成悬空寺的铁杉木料都用桐油浸过，所以除了不怕虫蚁噬咬外，还有很好的防腐作用。如此奇特的建筑技巧，使我们不禁要感慨古代劳动人民的聪明才智。

在中国众多的庙宇中，悬空寺可以称得上是最为奇妙的建筑。

选址奇特

悬空寺选址奇特，地理位置非常优越。寺庙处于深山峡谷的一个小盆地内，全身悬挂于石崖中间，石崖顶峰突出的部分好像雨伞一样遮盖着寺身，使古寺避免了雨水的冲刷。因为寺庙整个地置身于石崖上，即使山下的洪水泛滥，也能免于被淹。同时四周绵延的大山也减少了阳光的照射时间，使其免于被暴晒风化。优越的地理位置是悬空寺能够完好保存的重要原因之一。

李白亲笔书"壮观"

悬空寺是历代文人墨客向往之处，文学气息相当地浓厚。公元735年，诗仙李白游览此地后，被悬空寺奇险的建筑深深地吸引，亲笔在石崖上写下了"壮观"二字。书写完后，李白竟然觉得不够尽兴，便又随手一挥，在"壮"字右半部分的"士"内加了一点。随着年代的推移和数千年的风化，"壮观"二字的原迹已无法辨认。1990年，国家拨付专款维修悬空寺时，依据流传拓片原迹，将"壮观"二字重新镌刻在寺下的峭壁之上，而且特意将李白故意多出的一笔也刻上。

有人用这样的句子来形容悬空寺之悬："悬空寺，半天高，三根马尾空中吊。"

北京国家体育场

国家体育场俗称"鸟巢",位于北京奥林匹克公园中心区南部。建筑面积25.8万平方米,用地面积20.4万平方米。如今国家体育场已经成为具有地标性的体育建筑和奥运遗产。

国家体育场夜景

北京奥运会主会场

2008年奥运会期间,国家体育场承担了奥运会的开幕式、闭幕式、田径比赛、男子足球决赛等赛事活动。会场能容纳观众10万人,其中临时坐席2万个。作为2008年北京奥运会的主体育场,国家体育场成功地举办了第29届奥运会,这场体育盛会为全世界带来了美好的回忆。

钢架结构

国家体育场外形结构主要是由巨大的门式钢架组成,共有24根桁架柱。建筑顶面呈鞍形,长轴为332.3米,短轴为296.4米,最高点高度为68.5米,最低点高度为42.8米。体育场的空间效果新颖激进,但又简洁古朴,各个结构元素之间相互支撑,汇聚成网格状,就像编织一样,将建筑物的立面、楼梯、碗状看台和屋顶融合为一个整体。

国家体育场的外形是以众多钢铁不规则地"编织"而成,而在钢架的空隙处拉上半透明的充气薄膜,既可防水,又可以让阳光照人。

历史回音壁

国家体育场曾经在建设过程中因设计方案调整而暂时停工,新设计方案对结构布局、构建截面形式、材料利用率等进行了较大幅度的调整与优化。原设计方案中的可开启屋顶被取消,屋顶开口扩大,并通过钢结构的优化大大减少了用钢量。

坐在"碗"里看奥运

国家体育场的看台像个边缘高低起伏的立体"碗"，使观众有种坐在碗里看奥运的错觉。场内所有的座位环抱着赛场呈现出收拢结构，而且上下层看台之间有一部分交错，这样巧妙的设计，使观众无论坐在哪个位置，与比赛场地中心点之间的视线距离都在140米左右。这样的结构，也使得赛场上的运动员仿佛置身在舞台上一样，被热情的观众层层围绕。国家体育场整个的结构设计能够营造出最佳的赛场氛围。

国家体育场的整个建筑造型呈椭圆的马鞍形。内部共设有10万个座席，包括永久性座席8万个，临时性座席2万个。

孕育生命的"巢"

国家体育场由2001年普利茨克奖获得者赫尔佐格、德·梅隆与中国建筑师李兴刚等合作设计完成，艾青的儿子艾未未担任设计顾问。整个体育场的形态就如同一个孕育生命的"巢"，寄托着人类对未来的希望。设计者们对这个国家体育场没有作任何多余的处理，而是坦率地把结构暴露在外，因而形成了自然奇特的建筑外观。国家体育场2009年入选世界十年十大建筑。

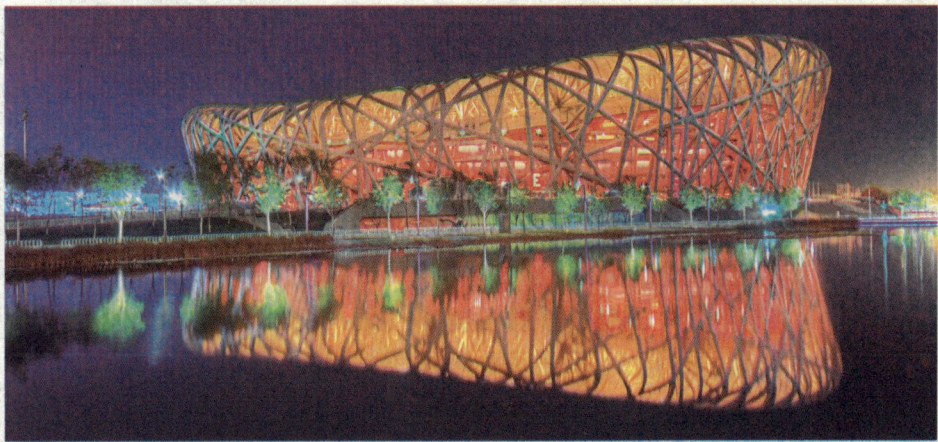

五彩缤纷的"鸟巢"

香港中银大厦

香港中银大厦坐落于香港维多利亚港附近，中环花园道1号，是中国银行香港总部所在地。大厦由享誉盛名的美籍华裔建筑师贝聿铭设计，总建筑面积12.9万平方米。楼体本身高315米，加上顶上两杆的高度共有367.4米。

香港中银大厦由贝聿铭建筑师事务所设计，于1990年完工。建成时是香港最高的建筑物，亦是美国地区以外最高的摩天大厦。它的结构采用4角12层高的巨形钢柱支撑，室内没有一根柱子。

独特的竹子外形

香港中银大厦的设计灵感源自竹子的"节节高升"。大楼是一个正方平面，对角划成四组三角形。这四个不同高度结晶体般的三角柱呈多面菱形，好比璀璨生辉的水晶体，在阳光照射下呈现出不同色彩。最令人称奇的是每个三角形的高度均不同，就如同节节上升的竹子，象征着力量、生机、茁壮和锐意进取的精神，这种建筑将中国的传统建筑理念和现代的先进建筑科技完美地结合起来。

七重厅

中银大厦最受人瞩目的地方在70楼的"七重厅"，那是个举办盛大宴会的场所。大厅中央有一张可以坐24人的大桌子，两侧有数组沙发，南侧是备餐间、储藏室及洗手间。通常建筑的顶屋是机械房，贝聿铭却将香港中银大厦机械房安排在第六十九层，在其上层创造了一个充满阳光的玻璃厅，引进阳光，引进风光。将人们对空间的感觉引进至高的层次，令人衷心地佩服建筑师

历史回音壁

贝聿铭于1982年获邀设计香港中国银行大厦。他表示接受这份委托，是因为他父亲曾是这家银行分行的负责人。中银大厦于1990年落成后，成为他作品中最高的建筑物，也象征着他事业的巅峰，他也在这时宣布退休。

的气魄，这是建筑师一贯的设计手法——结合阳光与空间。

闹市中的庭园

中银大厦的东西两侧各有一个庭园，这是贝聿铭特意规划的，为的是能够给人挤楼拥的香港创造出一片精致的室外空间。而且将庭园放在闹市，可谓匠心独运。园中流水顺着地势潺潺而下，与瀑布、奇石和树木共同构成了一幅绝美的山水园林图。水在此处还具有双重的意义：一方面，水声可以消灭周围高架道路的交通噪音；另一方面，水流生生不息隐喻财源广进，象征着为银行带来佳运。

设计师贝聿铭

中银大厦的设计师贝聿铭1917年生于广州，曾在苏州园林度过了童年的一段时光。贝聿铭18岁到美国，先后在麻省理工学院和哈佛大学学习建筑，于1955年建立建筑事务所，又成立了"贝聿铭设计公司"，专门承担工程的设计任务。作为现代主义建筑"大师"，贝聿铭被人描述成为一个注重于抽象形式的建筑师。除了香港中银大厦外，贝聿铭最有名的作品还包括华盛顿国家艺术馆、肯尼迪图书馆、北京香山饭店等。

1988年8月8日，中银大厦举行了一个封顶典礼。这天被香港人认为是20世纪最吉利的日子，此举显示了这座大厦的设计者、施工者以及它的主人对民间传统文化的尊重。

贝聿铭不但是杰出的建筑学家，更是极其理想化的建筑艺术家。他善于把古代传统的建筑艺术和现代最新技术熔于一炉，从而创造出自己独特的风格。

吉隆坡双子塔

吉隆坡双子塔坐落在马来西亚吉隆坡市中心美芝律，是目前世界上最高的双子楼。壮观的双子塔就像两把并行的利剑一样刺向长空，使身处吉隆坡市的人无论站在哪一个角度都能够一睹它的魅力，它也是吉隆坡市的标志性城市景观之一。

高耸入云的双子塔

伊斯兰风格

整栋大楼的格局采用的是传统伊斯兰建筑常见的几何造型，包含了四方形和圆形，反映出马来西亚的伊斯兰文化传统。除此之外，双子塔大楼的表面大量使用了不锈钢与玻璃等材质，这种设计风格体现了吉隆坡年轻、中庸、现代化的城市个性，突出了标志性景观设计的独特性理念。

历史回音壁

2009年9月1日早晨，号称"蜘蛛人"的法国攀爬高手阿兰·罗伯特爬上452米高的双子塔顶端后张开双臂，由于事先未获批准攀楼，他遭到了警方的逮捕。有目击者说罗伯特当天不到两小时就徒手攀上楼顶，并把一面马来西亚国旗插在上面。

经济繁荣的象征

吉隆坡双子塔于1993年12月27日动工，1996年2月13日正式封顶，1997年建成使用。据说当初建造双子大厦的时候，以每四天起一层楼的速度，足足建了两年半，可见当时的马来西亚向世人展示自己经济发展成果的骄傲。可谁又会想到，双子塔落成之后不久，亚洲金融风暴爆发，整个东南亚

双子塔的内部结构

便陷入经济危机，马来西亚的经济也遭受重创，不过这一切丝毫不影响这座建筑成为马来西亚经济蓬勃发展的象征。

双子塔两个独立的塔楼由裙房连接起来，因为独立塔楼的外形像两个巨大的玉米，所以又叫双峰大厦。

最大用途——办公

吉隆坡双子塔是马来西亚石油公司的综合办公大楼，它由马来西亚国家石油公司投资建成，一座被马来西亚国家石油公司用来办公，另一座作为写字楼出租。这两座 88 层的塔楼一共包含 74 万平方米以上的办公面积，13 多万平方米的购物与娱乐设施，4500 个车位的地下停车场，一个石油博物馆，一个音乐厅，以及一个多媒体会议中心。双子塔内有全马来西亚最高档的商店，销售的都是品牌商品。

高空天桥

塔楼值得一提的特色是在 42 层处的天桥。这座有人字形支架的桥似乎像一座登天门，双塔的楼面构成以及其优雅的剪影给它们带来了独特的轮廓。天桥平面是两个扭转并重叠的正方形，用较小的圆形填补空缺。这种造型可以理解为来自伊斯兰的灵感，而同时又明显是现代的和西方的。连接双子塔的空中走廊是目前世界上最高的过街天桥，站在这里，可以俯瞰马来西亚最繁华的景象。

双子塔的天桥

姬路城堡

姬路城堡是日本的历史名城，地处兵库县南部交通要冲，风格典雅，名胜古迹很多。城堡由83座建筑物组成，它拥有高度发达的防御系统和精巧的防护装置。保存完好的建筑物和外围工事在给世人展示了伟大遗产的同时，又显现了日本城堡建筑的精致和战略防御技能。

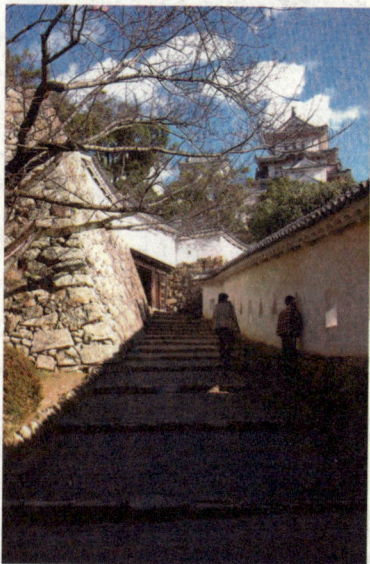

姬路城堡入口

天守阁

姬路城堡的心脏部分称为天守阁，它的外形好似一只高雅的白鹭，所以又称白鹭城。主城楼大天守阁的四角，紧密依附着四座小天守阁。在它们涂成白色的外墙之下，是巨石砌成的墙基。城楼的回廊中每隔一米就树立着一根柱子，显得非常坚固。天守阁是日本现存的古代城堡中规模最宏大、风格最典雅的一座代表性城堡。

坚固的结构

姬路城的结构严密，固若金汤。它的三重防御工事包括外部、中部和内部壕沟。防御工事修筑得很精巧，从三条同心圆护城河开始，城壕环绕高大曲折的石城郭，城郭之间设置着几座大门和瞭望塔。城墙和瞭望塔上有射箭、打枪的小孔；城堡中内庭的道路千回百转，好似迷魂阵，从顶楼

历史回音壁

关于姬路城名字的来源有这样一个说法：姬路在日语中指的是蚕茧，而姬路城所处的姬山、鹭山两座山岗看起来酷似蚕茧，所以沿姬路城方圆一带渐渐被人们称为"姬路"。

上却可以看得清楚;屋顶上装饰着防火的辟邪物,突出在屋檐上。

历史悠久

姬路城堡始建于 1333 年。1580 年,武将丰臣秀吉在这里建立起一座三层城堡,这座城堡经历了姬路城的昌盛期和接下来的伊多时期,成为繁忙的交通中心。17 世纪初,德川幕府的第一位将军德川家康的女婿池田辉政,又重建该城堡并扩大成今日的规模。建设姬路城堡用了 387 吨上好的木材,75000 块砖和瓷瓦,总重量达到 3048 吨,还有数不清的巨大岩石,每块重量都在 1 吨以上。

姬路城堡内部一角

纷繁有趣的节日

姬路城一年四季都会举办各种纷繁有趣的活动:春天有姬路城赏樱会"花见太鼓"和千姬牡丹节,夏天有姬路"港口节",秋天有姬路城赏月会,冬天有姬路全国陶器展等。所以这里一年四季游客不断,非常的热闹。另外周围还有与城堡关系颇深的姬路文学馆、兵库县立历史博物馆和姬路市立美术馆。

樱花环绕的姬路城堡

泰姬陵

泰姬陵位于距印度新德里二百多千米外的阿格拉城内，是印度知名度最高的古迹之一。整座建筑体形雄浑高雅，轮廓简洁明丽，号称世界上最优美的伊斯兰式建筑。相传是印度莫卧儿王朝皇帝沙·贾汗为他的爱妃建立的陵墓。

沙·贾汗是印度莫卧儿帝国的皇帝，他在位期间，为他的第二个妻子泰姬·玛哈尔修筑了举世闻名的泰姬陵。

沙·贾汉与泰姬的爱情

泰姬是莫卧儿王朝皇帝沙·贾汗的宠妃，据说她是一位具有波斯血统的绝世美女，不但性情温柔，还擅长诗琴书画，与沙·贾汗结婚后感情非常好。可是好景不长，1631年，泰姬在跟随沙·贾汗南征时，因难产而死，年仅38岁。泰姬之死，令沙·贾汗伤心欲绝，他决定为泰姬建造一座全世界最美丽的陵墓，以表达他对爱人的思念之情，这个象征爱情的陵墓就是美轮美奂的泰姬陵。与此同时，沙·贾汗下令宫廷为泰姬致哀两年，期间禁止一切娱乐活动。

历史回音壁

泰姬陵于1631年开始动工，一共用了22年才修建成功。在漫长的修筑岁月中，每天需要动用大约2万名役工，除了汇集全印度最好的建筑师和工匠，还聘请了中东和伊期兰地区的许多能工巧匠。

纯白色的陵墓

泰姬陵最引人注目的是它的主体建筑，几乎都是用纯白色的大理石砌建而成。它的基座是一座高7米、长宽各95米的正方形大理石，顶端是巨大的圆

泰姬陵被誉为"完美建筑"。它由殿堂、钟楼、尖塔、水池等部分构成。

球，四角矗立着高达 40 米的圆塔，庄严肃穆。塔与塔之间还耸立着镶满 35 种不同类型宝石的墓碑。陵园占地 17 公顷，四周全是红沙石墙，就连进口的大门也用红岩砌建，门顶的背面各有 11 个典型的白色圆锥形小塔。在那道象征智慧之门的拱形大门上，刻着伊斯兰教古老的《古兰经》。中央墓室放着泰姬和沙·贾汗的两具石棺，宝石闪烁，庄严肃穆。

泰姬·玛哈尔

清真寺和尖塔

在泰姬陵主体建筑的两旁各有一座清真寺，以红砂岩建筑而成，顶部是典型的白色圆顶，而兴建这两座清真寺的主要目的，是为了维持整座泰姬陵建筑的平衡效果，以达到对称之美。陵的四方各有一座尖塔，高达 40 米，内有 50 层阶梯。这四座塔是专供穆斯林阿訇拾级登高用的。

月光下的泰姬陵

泰姬陵在不同的时间、不同的自然光线中会显现出不同的特色，令人百看不厌，然而最美丽的时刻还是在那些朗月当空的夜晚。白色的大理石陵寝，在月光映照下会发出淡淡的蓝色萤光，此时的泰姬陵显得格外高雅别致和皎洁迷人，犹如美人泰姬在含情沉思，给人一种恍若仙境的感觉。有人说，不看泰姬陵，就不算到过印度；不在月光下来到泰姬陵，就不算到过泰姬陵。

站在十字形水池前，泰姬陵的倒影清晰可见。倒影总是能够为景物增添一抹别样的韵致，泰姬陵不但因为它的倒影而有了双重的美，并且还多了几分柔软。

27

科纳克太阳神庙

太阳神庙上的轮子装饰

科纳克太阳神庙位于孟加拉湾附近的科纳克，由13世纪的卡灵伽国王纳拉辛哈·德瓦建造，是婆罗门教的圣地之一。太阳神庙以它那奇特的构思和实属罕见的群体性雕塑建筑，被联合国教科文组织列为世界遗产名录。

三尊神像供奉太阳神

这座神庙是印度最庄严的建筑物之一，不仅在于宏伟的外形、完美的比例，更在于它体现出一种宗教的和谐。整座神庙被设计成太阳神苏利耶的战车形状，有12对轮子装饰和7匹马。无论是它的线条装饰、涡形纹，还是动物和人的造型，都使其在印度神庙中显得非常特别。神殿和观众厅的外墙都有精美的雕刻。神庙里有三尊神像，分别代表着早晨、中午和黄昏的太阳。

巨石天花板

太阳神庙天花板上的莲花

圣殿的四侧向内倾斜，用一块巨石封顶作为天花板。它被雕成一朵直径为1.5米的开放的莲花，每一片花瓣上都雕有一个舞女和坐着由七匹马拉的战车的苏利耶，苏利耶的手里拿着两枝莲花。由于整个圣殿的跨度非常大，许多不

历史回音壁

关于神庙的来历还有另外两种说法：一种认为太阳神治愈了黑天神克里希纳儿子的麻风病，为了答谢太阳神的救命之恩，克里希纳特意建立了这座庙宇；还有一种认为是13世纪的卡灵伽国王纳拉辛哈·德瓦为了祈求太阳神治好他脊柱变形的毛病而修建的。

少于 12 米长的铁质横梁被用来支撑。这些横梁先是被制成许多小零件，后来再锻造在一起。在神庙的内墙上没有任何雕刻，也没有涂过灰泥。

圣殿宝座

在圣殿里还有一个用黑色绿泥石制成的宝座。这是神庙供奉的主神苏利耶的宝座。在宝座上有一个供奉苏利耶的祭坛。宝座的一些部分可能被从神庙上方落下的石头损坏过，宝座上有用新的石头修补过的痕迹。那里还有一段通向宝座顶端的楼梯，现在仅存三级楼梯。在宝座上有许多雕刻，包括各种形态不一的动物，还有一幅国王纳拉辛哈·德瓦和他的同伴礼拜太阳神的图案。

这座神庙是印度最庄严的建筑物之一，不仅在于宏伟的外形、完美的比例，更在于它体现出一种宗教的和谐。无论是它的线条装饰和涡形纹，还是动物和人的造型，都使其在印度神庙中显得异常特别。

石雕艺术

神庙内的石雕艺术举世闻名，最下排墙上有一幅老妇朝圣的图案最为动人：画面上的老妇正在为她的儿子祝福，而她的媳妇拜在她脚下，孙子紧紧靠着她。神庙墙上中间一排的雕刻表现了许多奇形怪状的东西，比如说狮首象身、狮首人身的怪物和住在深海里搜刮财宝的半人半蛇纳加玛苏纳斯，不同形态的男女也可以在这排雕塑中看到。最上面一排雕塑表现了许多不加掩饰的性爱场面，这是该神庙雕塑最大的特点之一，这些雕塑从另一方面表现出当时人们的解剖学知识非常丰富。

科纳克太阳神庙石雕艺术。

胡马雍陵

胡马雍陵建于 1570 年，位于印度首都新德里的东南郊，是莫卧儿王朝第二代皇帝胡马雍及其皇妃的陵墓。胡马雍陵是印度现存最早的莫卧儿式建筑，也是伊斯兰教与印度教建筑风格的典型结合。胡马雍陵于 1993 年被联合国教科文组织列入世界文化遗产。

陵墓顶部是一个以白色大理石雕成的半球形体，圆顶上竖着一个金属小尖塔，这是典型的伊斯兰教建筑特色。

胡马雍其人其事

胡马雍的意思是"运者"，他是莫卧儿王朝第二代皇帝，知书达理且喜爱文化艺术，但自身软弱、优柔寡断，缺乏他父亲巴布尔所具有的智慧、谨慎以及坚强的决心和坚韧不拔的精神。巴布尔的早逝使他无法巩固自己开创的既不完善又不稳固的帝国政权。二十多岁的胡马雍登基后内外局势很不稳定，两度被外敌打败，并因此流亡了 15 年，后来在波斯的帮助下才恢复了对莫卧儿王朝的统治。

↑胡马雍

历史回音壁

胡马雍陵并不是莫卧儿王朝第二代统治者胡马雍本人的杰作，它于 1565 年由胡马雍的皇后主持修建。这位皇后是一个波斯学者的女儿，她是在 1542 年初与流亡的胡马雍结婚的。

主体建筑

整个陵园坐北朝南，平面呈长方形，四周环绕着长约 2 千米的红砂石围墙。主体建筑呈正方形，矗立于 20 多米高的大石台上。陵体的四周是四扇线条柔美的圆形弧门，四壁是分上下两层排列整齐的小拱门。陵墓顶部是一个以白色大理石雕成的半球形体，这种圆顶是由两个单独的拱顶组成的，一个在上，一个在下，上下之间留有间隙。外层拱顶支撑着白色大理石外壳,内层则形成覆盖下面墓室的穹窿,圆顶上竖着一个金属小尖塔,这是典型的伊斯兰教建筑特色。中央寝室安置胡马雍和皇后的石棺,两侧则是王子和莫卧儿王朝其他重要人物。

花园陵墓

胡马雍陵据说是印度大陆第一座花园式陵墓,以后的陵墓多仿效它的风格,它在继承波斯建筑风格的基础上开创了全新的莫卧儿风格——大面积的花园围绕着穹顶、拱门的蹲坐陵墓。胡马雍陵的公园面积很大,除了方石铺成的路,公园内到处都是绿草树木,十分漂亮,映衬着锈红偏橘黄色的石制陵墓建筑,古朴,协调,石墙、廊柱上嵌着精美雕刻镂花,完全是异域古国风情。

胡马雍陵坐北朝南,墓中有一个方形水塘,陵墓内还种有棕榈、丝柏等植物。陵墓主体主要采用带有浓郁印度风格的黑白色大理石及红砂岩为建筑材料。

两种风格的融合

胡马雍陵融合了印度教与伊斯兰教建筑风格,建筑整体显得庄重大气,古朴典雅。通常人们认为胡马雍陵受波斯艺术的影响较大,但其外表大量使用白色大理石却是印度的风格,没有波斯建筑师所惯用的彩色砖装饰,整个陵墓一扫过去灰暗、阴森的风格。胡马雍陵是伊斯兰教建筑的简朴和印度教建筑的繁华的巧妙融合,据说泰姬陵就是仿照胡马雍陵建造的。

胡马雍陵的一大特色是其拱门及窗户上皆雕有极为细密的格纹和几何图形。

吴哥寺

吴哥寺位于柬埔寨暹粒市北约5.5千米处，它是吴哥古迹中保存得最完好的庙宇，以建筑宏伟与浮雕细致闻名于世，也是世界上最大的庙宇。吴哥寺的造型，已经成为柬埔寨国家的标志，并展现在柬埔寨的国旗上。

柬埔寨吴哥寺每年都吸引很多游客前来观光。

重现的吴哥文明

吴哥文明的建筑之精美令人望之兴叹，然而却在15世纪初突然人去城空。在此后的几个世纪里，吴哥地区又变成了树木和杂草丛生的林莽与荒原，只有一座曾经辉煌的古城隐藏在其中，柬埔寨当地的居民对此一无所知。1861年1月，法国生物学家亨利·穆奥为寻找热带动物，无意中在原始森林中发现了这座宏伟惊人的古庙遗迹，才使得吴哥文明重现于世。后来法国远东学院开始对大批吴哥古迹进行了为期十年的精心修复，并按古代的建造方法复原了遗址。

吴哥寺亦称"吴哥窟"。它是吴哥古迹中保存得最完好的庙宇，是一座静默在藤蔓缠绕的树丛中的都城。

沙石砌成的古寺

吴哥寺整个布局规模宏大，比例匀称，设计简单庄严，外部装饰瑰丽精致。全部建筑用砂石砌成，石块之间无灰浆或其他黏合剂，靠石块表面形状的规整以及本身的重量彼此结合在一起，所以吴哥寺没有大的殿堂，石室门道均狭

历史回音壁

《真腊风土记》是最早记录吴哥寺的文字史料，作者是元代的周达观。他当时作为使者被派到柬埔寨（当时称真腊），回国后写下了《真腊风土记》。周达观在书中有感于吴哥寺的建筑的奇巧，把其称为"鲁班墓"。

吴哥寺是高棉古典建筑艺术的高峰，它结合了高棉寺庙建筑学的两个基本的布局：祭坛和回廊。祭坛由三层长方形有回廊环绕须弥台组成，一层比一层高，象征印度神话中位于世界中心的须弥山。在祭坛顶部矗立着按五点梅花式排列的五座宝塔，象征须弥山的五座山峰。寺庙外围环绕一道护城河，象征环绕须弥山的咸海。图为吴哥寺全貌。

小阴暗，艺术装饰主要集中在建筑外部。台基、回廊、蹬道、宝塔构成吴哥寺错综复杂的建筑群。

五座宝塔

吴哥寺是依据印度传说建成的，传说世界的中心是一座位于大海之中的高山，这座高山叫须弥山，是众神仙居住的地方，须弥山周遭有四岳，这便是吴哥寺主殿五座宝塔的设计蓝图了。巍然矗立正中的那个大塔代表了须弥山，而其他四个小塔则是四岳的象征。五座宝塔就如五点梅花一样静静地矗立在柬埔寨的丛林中，而且宝塔与宝塔之间间距宽阔，依靠游廊连接起来。

"吴哥微笑"

吴哥寺的 54 个佛塔保存完好，每座塔的四面都雕琢着巨大的微笑着的脸庞，即闻名于世的"吴哥微笑"。54 座高塔雕遍了面向四方的佛像，总共有 200 多张脸分别朝向东南西北四方，密布在远近高低的整个空间内。他们大多微闭双眼，每一个面庞都是同样的安详坦然，据说那些个迷人的笑脸是神的脸庞，而更多的高棉人却愿意相信，那是建造了吴哥城的国王的微笑。

東埔寨吴哥寺微笑的浮雕面孔 →

33

文 莱皇家清真寺

文莱皇家清真寺也叫博尔基亚清真寺，坐落在文莱首都斯里巴加湾市。它是文莱最大的皇家清真寺，由现任苏丹主持修建。文莱皇家清真寺以其奢华与气派，成为斯里巴加湾两大著名清真寺之一。

文莱皇家清真寺外景

皇家清真寺

13世纪伊斯兰教传入东南亚，该地区建立了许多政教合一的苏丹国，文莱就是其中之一。数百年以来，文莱王室一直治理着这片域外乐土。由于国民大多信仰伊斯兰教，清真寺是文莱人的灵魂，也是生活中最重要的地方。20世纪90年代，文莱第29任，也就是该国现任苏丹修建了文莱皇家清真寺，并于1994年苏丹生日那天正式开放。

金顶庙宇

这座清真寺很宏伟，从外面看，淡蓝色的柱子高耸入云，很有气势。

历史回音壁

文莱斯里巴加湾市另一享有盛名的是赛夫丁清真寺。赛夫丁清真寺建成于1958年，以当时的苏丹赛夫丁的名字命名，用来纪念他建国17年来的功绩。这座清真寺作为文莱首都斯里巴加湾市的象征，是东南亚最美丽的清真寺之一。

整个建筑共有29个金碧辉煌的圆顶，全部都用纯金包裹着，这29个金光灿灿的圆顶是为了纪念历史上29个苏丹统治的朝代。除此之外，室外的8个立柱顶端也装饰着许多金光闪闪的星星。文莱皇家清真寺从

黄金拱顶

外观上来看,是一座名副其实的金顶庙宇。

豪华的祈祷厅

清真寺内设有正偏两个祈祷厅,分别供男女穆斯林朝拜使用。两座豪华宽敞的祈祷厅一共可容纳四千五百多名穆斯林同时祈祷。除规定的祈祷时间外,游客可以进入清真寺参观。进入清真寺都要脱鞋,女士需要穿上寺内专备的黑色长袍。祈祷厅内指示着麦加方向的壁龛装饰着黑色大理石和镀金瓷砖,男祈祷厅内有重达 3.5 吨的奥地利枝形水晶吊灯,吊灯是由奥地利上好的水晶和纯度很高的镀金做成,为整个大厅增添了豪华、堂皇、肃穆的氛围。

豪华的内部

东方威尼斯

皇家清真寺所在的斯里巴加湾市在婆罗州北部,文莱湾西南角滨海平原,文莱河畔。人口约有 6 万,主要是马来人和华人。至今这里仍是世界上最大的水上村庄,所以斯里巴加湾市有"东方威尼斯"的美称。斯里巴加湾市原称文莱市,1970 年改为现名斯里巴加湾。斯里巴加湾市是全国的文化教育中心。随着文莱石油经济的飞速发展,该市现已建设成为一个现代化城市。

赛夫丁清真寺以前苏丹奥马尔·阿里·赛夫丁的名字命名,它自建成以来,就成为文莱的象征之一。

大马士革清真寺

叙利亚大马士革清真寺建于公元705年，它确立了清真寺建筑的结构模式，成为世界各地穆斯林建造清真寺的样板。它是阿拉伯建筑艺术上举世闻名的杰作，在伊斯兰世界中享有崇高的地位，被认为是伊斯兰教的第四座圣寺。

古朴的清真寺

在清真寺的庭院中向南面看，是伊斯兰教圣城麦加的朝向。凯旋式拱形大门之内，有四个精致的大理石半圆形凹壁。院落中共有三座封闭的圆顶建筑，其中西面的是藏经楼，东面是钟楼。庭院东西两边是长廊，有高高的圆顶，廊壁上还装饰着古代大马士革的风景彩画。殿内墙壁和圆柱上，镶嵌着许多黄金、宝石和贝壳。

叙利亚大马士革清真寺殿顶中央为圆顶，看起来美轮美奂。

伊斯兰文明历史博物馆

大马士革清真寺本身是一座伊斯兰文明历史博物馆，在这座清真寺的建筑上，人们可以看到公元8世纪的建筑水平，也可以看到古代埃及建筑的特色和18世纪奥斯曼建筑艺术。大马士革清真寺也是一座记录人类宗教发展的无字天书，从原

叙利亚大马士革清真寺内部结构图。殿内墙壁及圆柱上，有镶嵌着黄金、宝石、贝壳的红、白、黑色大理石雕刻。

始社会的多神崇拜，到基督教，再到后来的伊斯兰教，无不在这里留下记录。

大马士革清真寺的右大殿里，有两个用玻璃和金属栅栏装潢得非常考究的墓室，一个存放的是先知叶海亚的头颅，另一个存放的是什叶派的伊玛目——侯赛因的头颅。

教皇参观清真寺

大马士革清真寺是中东地区少数对外开放的古老清真寺，每年接待数以万计的各国游客，其中有许多高贵的客人，如教皇保罗二世。2004年从大马士革清真寺发出的一条新闻，震撼了全世界的媒体：罗马教皇保罗二世跟随着叙利亚的大穆夫提，脱鞋进入清真寺内的殿堂，两人肩并肩向造物主共同祈祷世界和平。

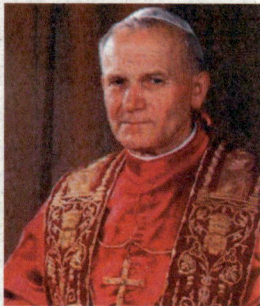

教皇保罗二世

在基督教堂遗址上重建

公元 379 年罗马人在大马士革建造了圣约翰洗礼大教堂，这个教堂使用了整整 250 年，直到阿拉伯军队破城而入。公元 708—715 年，当政的瓦立德哈里法命令在原圣约翰教堂地基上建造一座以后永远不会被超越的宏大清真寺，其规模就是我们今天所看到的这个样子。

叙利亚大马士革清真寺，建于公元705年倭马亚朝时期，故又有倭马亚清真寺之称。长方形的露天寺院全用瓷砖铺地，看起来非常的整洁。

迪拜阿拉伯塔

迪拜阿拉伯塔又名帆船酒店，位于中东地区阿拉伯联合酋长国迪拜市。整座酒店如同一艘洁白的帆船，通体呈塔形，从头到脚共有56层，高达321米。迪拜阿拉伯塔以奢侈和豪华著称，被公认为世界上最豪华的酒店。

也许天堂里的生活也不过如此。住在这里，你也会成为传奇的一部分。

七星级酒店

迪拜阿拉伯塔号称世界上第一家七星级酒店。1999年深冬，当迪拜阿拉伯塔落成剪彩，开门迎客之时，它的豪华程度令人叹为观止。专家们不知道该给它定几颗星，最后鉴于酒店设备实在太过高级，远远超过五星的标准，只好破例称它为七星级酒店。当时英国一位女记者曾经这样赞美这家酒店——"我已经找不到什么语言来形容它了，只能用7星级来给它定级，以示它的与众不同"，这句感慨很快成了迪拜阿拉伯塔的免费广告而广泛流传。

设计师汤姆·赖特

迪拜阿拉伯塔的设计师是英国人汤姆·赖特。赖特 1957 年生于英国伦敦郊区，1983 年成为英国皇家建筑师学会会员。迪拜阿拉伯塔是赖特的得意之作，为此他还提出了著名的地标观点——建筑要成为地标必须依赖简单而独特的形状，判断一个地标我们只需要用几笔就能描述出来它的位置。

步入酒店内部，就能体会到金碧辉煌的含义。

豪华的总统套房

迪拜阿拉伯塔的总统套房是酒店内最大的房间,有780平方米,它们设在酒店的第25层,每天住宿费高达2万多美元。房内设有两组大卧室,两间大客厅,一个独立的餐厅和一个高清数码电影院。这里的客人出入都有专用电梯,电梯可以从地下车库直达总统套房,客人们还可以随意拨打国际电话,酒店在房客的触手可得之处,一共装了17部防止窃听的专线话机。

美轮美奂的巨型"帆船"

海鲜餐厅

迪拜阿拉伯塔内有一个非常有特色的海鲜餐厅,如果客人想要去哪儿吃饭,酒店会动用潜水艇进行接送。潜水艇从酒店大堂出发直达海鲜餐厅,航程虽然只有短短的三分钟时间,可是还会让人产生已置身海底世界的感觉:沿途有鲜艳夺目的热带鱼在潜水艇两旁游来游去,美不胜收。当你安坐在舒适的餐厅椅子上,环顾四周的玻璃窗,珊瑚和海鱼会为你构建一幅流动的海底画面。

奢华的镀金

蔚蓝与金黄是该酒店的主打颜色。蓝是因为酒店四面临海,且房间都配有落地窗,海景随时随地能映入眼帘。黄是黄金的本色,大厅、中庭、套房、浴室……任何地方都是金灿灿的,连门把手、水龙头、烟灰缸和衣帽钩都镀满了黄金,而最为难得的是这些镀金物品竟然没有一丝一毫的俗气,每件都是俗中求雅,且俗且雅。

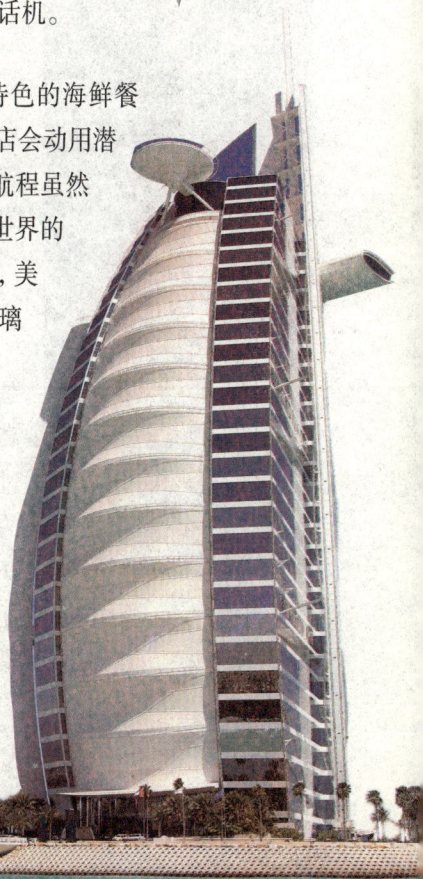

哈 利法塔

哈利法塔是位于阿拉伯联合酋长国的迪拜境内的摩天大楼

迪拜塔又称迪拜大厦或比斯迪拜塔，是位于阿拉伯联合酋长国迪拜的一栋已经建成的摩天大楼，有160层，总高828米，是目前世界上的最高建筑。迪拜塔由韩国三星公司负责建造，2004年9月开始动工，2010年1月4日竣工启用，同时正式更名为哈利法塔。

更名哈利法塔

在古阿拉伯世界中，哈利法是"伊斯兰帝国领袖"的意思。而目前迪拜所属的阿拉伯联合酋长国总统，同时也是阿布扎比酋长，名字正好叫谢赫·哈利法·本·扎耶德·阿勒纳哈扬，所以该塔在竣工时改名为哈利法塔。

高速电梯

哈利法塔内部安装有目前世界最快的电梯，速度达18米/秒。哈利法塔总计57部电梯，它的主电梯高504米，位置在塔中央，上升高度目前也是世界第一。不过这个电梯并没有直达最高的169层楼，乘客必须在第43、76和123层的"转乘区"换搭乘电梯，并且电梯在1分钟内便可达第124层世界最高室外观景台。

曾经神秘的高度

哈利法塔是由美国一家顾问公司设计的，大楼呈

历史回音壁

哈利法塔的主要竞争对手为50千米外的棕榈岛塔，虽然只是计划案，地产商规划其高度将达到1050米，使其得以震撼哈利法塔的世界最高楼地位，此外，在科威特更规划了1001米高度的丝绸之城大厦。

伊斯兰教建筑风格,楼面为"Y"字形,基座周围采用了富有伊斯兰建筑风格的几何图形——六瓣的沙漠之花。自2004年起兴建,其承建商艾马尔集团一直都保持神秘,没有透露它的最终高度和楼层数。根据高层建筑的国际准则,无论是建筑物结构高度、顶层地面高度、楼顶高度,还是包括天线或旗杆之类的高度,竣工后的"哈利法塔"都可谓举世无双。

哈利法塔内部的观景台

首家阿玛尼酒店

哈利法塔内设施完备,豪华公寓、服装专卖店、游泳池、温泉会所、高级个人商务套房等一应俱全。意大利时尚设计师乔治·阿玛尼也在大厦内建起了第一家阿玛尼酒店,此酒店内部所有的装潢、家具设计全部遵循阿玛尼品牌的风格。阿玛尼酒店内包括175间贵宾间和套房,除此之外还有餐厅、温泉等,占地共达4万平方米。在酒店的旁边还有144座豪华的住宅式公寓,从家具到所有其他产品的设计也都由阿玛尼亲自操刀。

哈利法塔内部的阿玛尼酒店

埃及金字塔

埃及金字塔主要分布在尼罗河下游,在埃及首都开罗西南一带最为集中。金字塔是古埃及的法老和王后的陵墓,它们是一座座用巨大石块修砌成的方锥形建筑,因为形状和汉字的"金"字相似,所以在中国被称为"金字塔"。

法老的陵墓

埃及金字塔是埃及古代奴隶社会的方锥形帝王陵墓,世界八大建筑奇迹之一。它们数量众多,分布广泛。可是古埃及的法老们为什么要用金字塔作为他们的陵墓呢?原来在古埃及人的观念里,国王死后的灵魂是要升天成神的,而金字塔就是他们灵魂到达天国的阶梯;同时那些锥体的金字塔形式又表示对太阳神的崇拜,因为古代埃及太阳神的标志就是太阳光芒,金字塔象征的就是刺向青天的太阳。

胡夫是埃及古王国第四王朝的第二位法老,希腊人称他为奇阿普斯。据考证,胡夫可能是世界上最早的独裁者之一。

埃及木乃伊

古埃及人笃信一个人死后,他的灵魂不会消亡,而会依附在尸体或雕像上。所以埃及的法老或王公大臣们死后,会被制作成木乃伊保存下来。古埃及人用盐水、香料、膏油、麻布等物将尸体泡制成"木乃伊",再放置到密不透风的墓中,尸体就可以经久不坏,埃及金字塔内存放的就是法老们的木乃伊。

木乃伊

历史回音壁

传说胡夫死后,他的儿子哈夫拉用太阳船把父亲的木乃伊运到金字塔。等安葬好遗体后,哈夫拉命人把船拆开埋到了地下。现在著名的太阳船博物馆,就是在出土太阳船的原址上修建的。太阳船的船体为纯木结构,整个船身用绳索捆绑而成。

胡夫金字塔

胡夫金字塔是埃及所有金字塔中最大的一座，它是第四王朝法老胡夫的陵墓。这座金字塔原高 146.59 米，如今经过几千年的风吹雨打，顶端已经剥蚀了将近 10 米 。该塔塔基呈正方形，占地面积 5 万多平方米，塔身由 230 万块大小不一的巨石组成，其中最重的达到了 160 吨，而要绕着这座大金字塔转一周，大约要走 1 千米的路程。另外科学家还估算出，如果用火车装运该金字塔的石料，可能至少得用到 60 万节车皮。

胡夫金字塔被喻为"世界古代七大奇迹"之一，建于埃及第四王朝第二位法老胡夫统治时期。

狮身人面像

著名的狮身人面像位于哈夫拉金字塔的南面，它凝视前方，表情肃穆，雄伟壮观，距离胡夫金字塔约 350 米。狮身人面像是由一整块巨型岩石雕制而成，长约 73 米。石像的头上戴着皇冠，额上刻着眼镜蛇浮雕，下颌处有代表帝王的长须。经过多年的风化，现在的狮身人面像是后人从沙土中再次挖掘出来的。

历经沧桑的狮身人面像充满了神秘感。

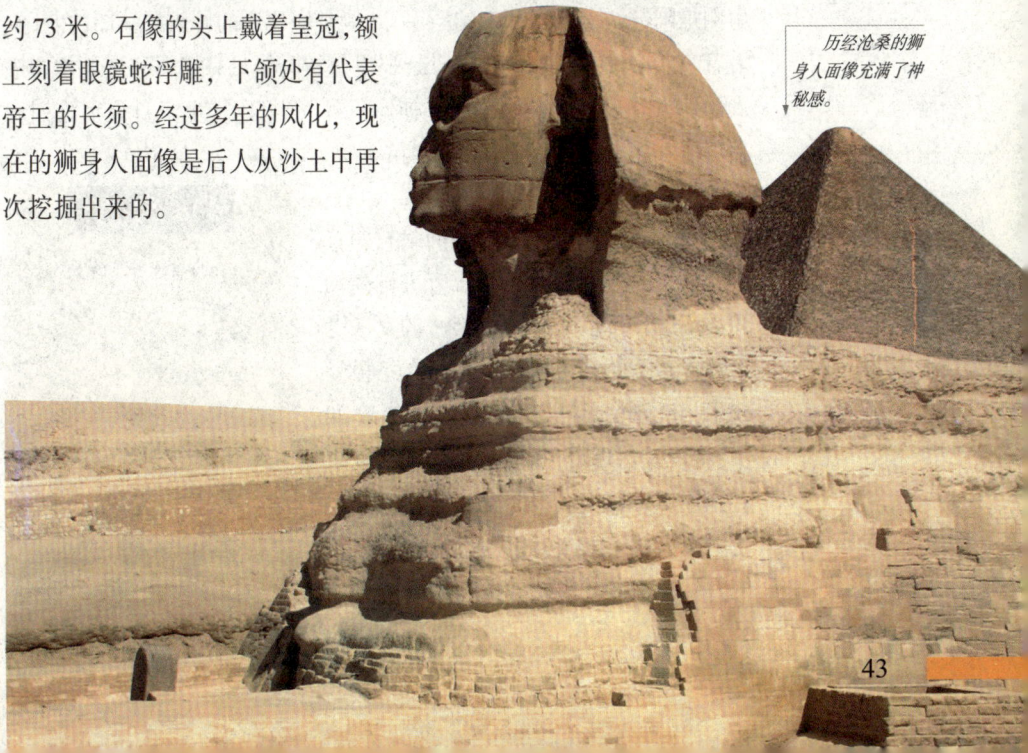

卡纳克神庙 ⬤

卡纳克神庙位于埃及首都开罗以南700千米处的尼罗河东岸，它不仅是古埃及最大的神庙所在地，还因为规模浩大而扬名世界。神庙虽然由于年代久远已破败不堪，然而透过那仅存的部分，人们依然能够感受和想象到它当年的宏伟壮丽。

图特莫斯三世

三大园区和圣坛

卡纳克神庙区分为三大园区。主园区位于中心部位，兴建之初被当成底比斯的神圣区域，随后又被居民们命名为"阿蒙之城"，是献给太阳神阿蒙的，那里有阿蒙大神庙和一个象征着所有形式的生命诞生地的圣湖。南侧是阿蒙的妻子穆特神的庙宇，北侧是底比斯的鹰头神蒙图的园区。沿着东西中轴线，可以直达圣坛，那里是古时候只有祭司和法老才能进入的地方。遗憾的是如今那些神像只剩下半身了，上半身分别陈列在大英博物馆、卢浮宫和开罗博物馆。

方尖碑

久负盛名的哈特谢普苏特女王方尖碑高约30米，重320吨，是古埃及唯一的女法老哈特谢普苏特女王所立。这位女王极爱权术，自称太阳神之女，她把持朝政22年，将埃及治理得风调雨顺、国泰民安。在她加冕登基为法老时，为了应天顺人，女王命人花了七个月的时间从阿斯旺采下石料，制成了当时全埃及最大最高的

历史回音壁

哈特谢普苏特女王统治埃及22年后，被图特莫斯三世发动政变重新夺回了王位。图特莫斯三世痛恨女王废黜自己，在全国范围内对女王进行了全面的清算，但却很好地保存了女王在尼罗河西岸建造的神殿和两座方尖碑。

两座方尖碑，然后将它们立在了全埃及最大的卡纳克神庙里，作为献给太阳神阿蒙的礼物，女王还在碑上刻下铭文称自己是阿蒙神的女儿。

公羊甬道

漫步在卡纳克神庙前的公羊甬道，两边全是狮身羊面的雕像，在这里，狮身象征威严、力量和王权，而羊头则象征着威力无比的阿蒙神，将两者合在一起，则标志着神明的最高权力，寓意法老的力量和生命力等。每一座狮身羊面的雕像前，均有一个小型的法老雕像，这些小雕像立在公羊头前的脖子下面、狮子的

卡纳克神庙的羊头雕塑

两个前爪之间，象征着法老们对阿蒙神的崇拜和敬畏，以及得到阿蒙神的庇护。

神庙巨柱

埃及卡纳克神庙柱厅有六道大厅，由134根巨大的石柱组成，其中最高大的12根柱子，高达20米以上，柱顶呈莲花状，是古代建筑中最高大的石柱。这些巨石柱上雕刻着法老和太阳神的故事，栩栩如生。法老手执香精献给太阳神，表示法老与太阳神的亲密关系。象征上埃及的莲花和象征下埃及的纸莎草相结合的图案，代表上下埃及的统一。置身于森林一般的巨大石柱中，人往往会产生神秘而又幽深的感觉。

卡纳克的阿蒙神庙始建于中王国时期，新王国第18王朝进行了扩建，第19、20王朝又陆续增修，到新王国末期时，它已经拥有了10座门楼。

伊利贝拉石凿教堂

在埃塞俄比亚,伊利贝拉的 11 座用整块的红色火山石雕凿成的石凿教堂最负盛名,它们外观造型惊人,内部装修独特。伊利贝拉岩石教堂是公元 12—13 世纪基督教在埃塞俄比亚繁荣发展的产物。

伊利贝拉教堂

圣地伊利贝拉

公元 12 世纪末至 13 世纪初,统治罗哈一带的伊利贝拉国王控制着今埃塞俄比亚北部和周围的广大地区。依仗强大的国力,这位笃信基督教的国王在埃塞俄比亚北部海拔 2600 米的岩石高原上,动用 2 万人工,花了 24 年的时间凿出了 11 座岩石教堂,于是人们用国王的名字将这里命名为伊利贝拉。从此,伊利贝拉成为埃塞俄比亚人的圣地。至今,每年的 1 月 7 日埃塞俄比亚圣诞节,信徒们都将汇集于此。

需要俯视的教堂

人们通常是仰视教堂,而在伊利贝拉教堂则变成了俯视。这些教堂坐落在岩石的巨大深坑中,教堂顶端几乎没有高出地平面。它们外观造型惊人,内部装修独特。其中四座是在整块石头上开凿的,其余的则要小些,要么用半块石头凿成,要么开凿在地下,用雕刻在岩石上的立面向信徒标示其位置。

当年伊利贝拉国王动用如此大的人力物力,造就如此奇迹,固然是出于对宗教的虔诚,但也是天时、地利使然,既为形势所迫,也充分利用了地理环境。

救世主教堂

在 11 座山岩教堂中，最具特色的是救世主教堂。这座教堂由一块长 33 米、宽 23.7 米、高 11.5 米的红岩凿成，面积达 782 平方米。它拥有 5 个中殿和一个长方形的廊柱大厅，其中 3 个中殿分别面向东、北和南面，这是按长方形廊柱大厅式基督教堂所修建。教堂呈东西向，隔成 8 间，支撑半圆形拱顶的支柱成行排列其间。教堂的屋顶是阿克苏姆式尖顶，窗棂也镂雕成阿克苏姆的石碑式棂格。

十字架教堂 乔汉教堂

是伊利贝拉唯一被凿成十字架的教堂。它坐落在一个近乎方形的竖井状通道的底部，与其他教堂相分离，形似希腊十字架。它的地基很高，里面既无绘画，也无雕塑，因为这些东西会转移人们对其和谐而简单的线条的注意力。在天花板上，十字架的每个臂都与一个半圆拱相交，而这些半圆拱是在矗立在中央空间的四个角的壁柱上雕刻出来的。

伊利贝拉教堂是由整块岩石雕凿而成，所以它的布局比例和风格结构很有特色。

历史回音壁

据说埃塞俄比亚第七代国王伊利贝拉呱呱落地的时候，一群蜂围着他的襁褓飞来飞去，驱之不去。伊利贝拉的母亲认准了那是儿子未来王权的象征，便给他起名伊利贝拉，意思是"蜂宣告王权"。

"德姆卡多"祭典

每到"德姆卡多"这一天，伊利贝拉岩石教堂周围的岩壁上，就会挤满成千上万听祭祀说教的人群。凡是参加"德姆卡多"祭典的少年们，都必须盛装打扮。他们双手捧着神具，在少女们的低声祈祝中，跟随着大人进入设在广场上的小木屋里。人们还夜宿于此，作虔诚的祈祷。"德姆卡多"祭典要连续举行三天，是埃塞俄比亚高原上最大的宗教性活动。

杰 内大清真寺

杰内大清真寺坐落于尼日尔河与巴尼河交汇处的杰内古城内，位于尼日尔的莫普提西南部。该清真寺被视为非洲建筑史上的一大杰作，也是西非伊斯兰教的象征。杰内大清真寺只允许伊斯兰教徒入内。

杰内大清真寺一角

泥清真寺

杰内大清真寺属于典型的苏丹式建筑，竣工于 1909 年。它没用一砖一石，而是用一种特殊的黏土和树枝建造而成。寺院占地面积 6375 平方米，建筑面积 3025 平方米。100 根粗大的四方体泥柱支撑着祈祷大厅屋顶，屋顶上密密地排列着 104 个直径 10 厘米的气洞。寺院的主墙由三座塔楼组成，塔楼之间有五根泥柱相连。如此独特、结构新颖的寺院是苏丹建筑艺术和撒哈拉建筑风格的完美结合。

用想象建造而成

造型奇特的杰内大清真寺

现在大清真寺所在的地方曾是昆伯罗苏丹的府邸，这位苏丹皈依伊斯兰教后，就将自己的府邸推倒，建了一座清真寺。杰内大清真寺的造型与当地环境十分协

历史回音壁

离杰内大清真寺不远处有一个贞女塔帕玛·杰内波的墓。传说这名渔民小姑娘年仅 10 岁，在 19 世纪末为了拯救全城免于战乱，她选择了殉葬祭献神灵，被活埋在城墙内，但全城并未能因此免于殖民者的刀枪。不过，悲剧促使杰内城居民猛醒，殉葬这一习俗也从此在城中消失。

调，但据说最初修建时，并没有图纸，全凭当时杰内的大工匠、建筑师伊斯迈拉·特拉奥雷的一个腹图，就像当地居民建房一样，凭脑中的想象，一点点把清真寺建起来。

年年修缮

用泥坯造的建筑经不起雨水的冲刷，大多需要在旱季进行维修，实际上现在的杰内清真寺，就是在毁过多次的基础上重建的。清真寺一直在变化，而杰内城有个风俗则一直保持不变，那就是全城老少每年都要参加清真寺维修活动。

修缮中的杰内大清真寺

杰内城的居民将清真寺的维修工作看得比建筑本身还重要，因为正是一年一度的维修仪式与集体活动，团结、凝聚了全城各部族、各行业的居民。与其说是维修清真寺，不如说它是杰内城精神支柱的铸造场。

杰内古城

杰内古城被世人美誉为"尼日尔河谷的宝石"，它兴起于奴隶贸易和黄金交易的繁荣时期，在14—16世纪末被摩洛哥征服前，这里是西非最为美丽的商业城。杰内古城以它独特的摩尔式建筑和灿烂的伊斯兰文化而驰名世界，15—16世纪间成为伊斯兰教教义传播的中心。城内约有2000座古建筑被完好地保存了下来。为了适应季节性洪水，该地的房屋都建在了小山丘之上。

杰内大清真寺是一座壮丽的泥堡，结构之不对称，曲线变化之丰富，动人心魄。而清真寺向外突出的房架，则非常巧妙地起到了装饰效果。

49

雅典卫城

雅典卫城被称为"希腊明珠",它坐落在雅典城中央一个海拔150米的孤立山冈上,距今已有三千多年的历史。雅典卫城包含四个古希腊艺术最大的杰作——帕特农神庙、通廊、厄瑞克修姆庙和雅典娜胜利神庙。

作为古希腊建筑的代表作,雅典卫城达到了古希腊圣地建筑群、庙宇和雕刻的最高水平,在建筑学史上具有重要地位。图为雅典卫城门廊的女雕像柱。

国家的象征

卫城,原意是奴隶主统治者的圣地,古代在此建有神庙,同时又是城市防卫要塞。公元前5世纪,雅典奴隶主民主政治时期,雅典卫城成为国家的宗教活动中心,自波希战争后,卫城更被视为国家的象征。每逢宗教节日或国家庆典,公民都会列队上山进行祭神活动。作为古希腊建筑的代表作,雅典卫城达到了古希腊圣地建筑群、庙宇、柱式和雕刻的最高水平。

卫城山门

雅典卫城的山门建于公元前437—前432年,位于卫城西端陡坡上,是卫城的入口,从山门口就可以看到雅典卫城的中心是一座雅典娜女神铜像。为了因地制宜,山门被做成了不对称的形式,正面高18米,侧面高13米。卫城山门的内部装饰华丽,外观简洁庄重。北翼

雅典卫城

历史回音壁

帕特农神庙中本来有一尊雅典娜巨像,据记载,这座雅典娜女神雕像高12米,由象牙和金子镶嵌制成,矗立在光线昏暗的神庙中,异常的高贵美丽。后来,雕像被运到君士坦丁堡,之后就下落不明。

是展览室，南翼是敞廊，两翼体量都比较小，这样的设计使得整个山门看起来更加壮观。

帕特农神庙

帕特农神庙是雅典卫城的主体建筑，坐落在山岗上的最高处，在雅典的任何一处都可望见。帕特农神庙于公元前432年建成，呈长方形，除了屋顶是木质结构外，其余全部用晶莹洁白的大理石砌成，另外还用了大量镀金饰件。整个神庙建筑在一个三级台基上，长70米，宽31米，被46根多利安式列柱所环绕，每根柱子高10米，直径2米，总面积达2148平方米，大约是巴黎圣母院的1/3，但比巴黎圣母院早了1782年。

帕特农神庙内曾经存放着一尊黄金象牙镶嵌的全希腊最高大的雅典娜女神像，据说是古希腊著名雕刻家菲迪亚斯亲手制作的。

胜利女神庙

胜利女神庙在卫城山门的右前方，全部由大理石建成。神庙分前庙、正庙和后庙，在神庙东面有一个执盾的雅典娜神像浮雕。这座象征胜利的神庙建于公元前449—前421年，檐壁上的浮雕和墙外侧的浮雕题材都取自反波斯侵略战争的场面。胜利女神庙是希波战争后第一个着手设计的建筑物，它的命意、选址、构图、装饰都是为了庆祝卫国战争胜利的主题。

帕特农神庙是雅典卫城的主体建筑。这座神庙历经两千多年的沧桑巨变，如今庙顶已坍塌，雕像荡然无存，浮雕也剥蚀得非常严重。

罗马大角斗场

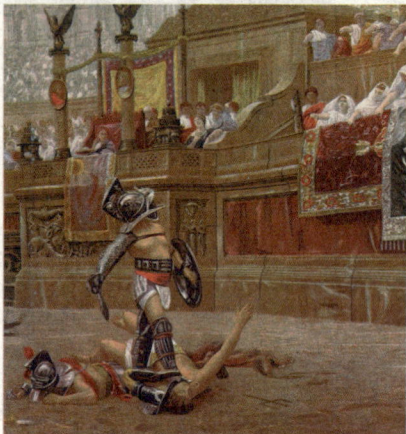

罗马大角斗场全名为科洛西姆斗兽场,位于意大利罗马市中心,是古罗马时期最大的圆形角斗场。经过两千多年的风霜,大角斗场现在仅存下遗迹,但我们仍然能够从中体会到当年古罗马帝国那辉煌的文明。

角斗士是经过训练的职业杀手,他们为了取悦皇帝和当地的领主而搏杀到死。

古罗马建筑

据说大角斗场是为了纪念罗马帝国征服耶路撒冷而建造的。公元72年,维斯帕西安皇帝下令兴建大角斗场,地点就选在罗马历史上有名的暴君尼禄所建金殿的人工湖上。这项庞大的工程历时8年,据说有8万名犹太俘虏都被迫成为这项工程的苦役。公元80年,维斯帕西安皇帝之子提图斯皇帝在位期间,大角斗场正式完工并投入使用。

残忍的决斗中心

角斗场的中心是椭圆形的竞技台,这里是人与人、人与兽进行血肉搏杀的场所。据记载,角斗场竣工后,斗兽表演持续了100天,动用了狮子、老虎和其他猛兽共5000头,3000名由奴隶、俘虏、罪犯和基督徒组成的角斗士被迫与这些猛兽搏杀,大部分都惨死在角斗场上。而看台上则是另一番

古罗马角斗士的着装

历史回音壁

中世纪基督教的《颂书》里有这样一段话:"只要大角斗场屹立着,罗马就屹立着;大角斗场颓圮了,罗马就颓圮了;一旦罗马颓圮了,世界就会颓圮。"这话虽然有些夸大,但大角斗场对于罗马的意义可见一斑。

情景：那些衣冠楚楚的贵族们喝着美酒，随便伸出大拇指赐予奴隶生还或死亡……这样的活动一直到公元523年才被完全禁止。

阶梯式看台

竞技场的看台逐层向后退，形成阶梯式坡度。每层的80个拱形成了80个开口，最上面两层则有80个窗洞，观众们入场后可以很顺利地找到自己的位子。这种入场的设计，即使是今天的大型体育场也依然在沿用。看台约有60排，分为5个区，可以容纳近9万观众。最下面前排是贵宾（如元老、长官、祭司等）区；第二层供贵族使用；第三区是给富人使用的；第四区由普通公民使用，最后一区则是给底层妇女、奴隶和贫民使用，全部是站席。

古罗马竞技场以庞大、雄伟、壮观著称于世。

角斗士

角斗是古罗马竞技场里的主要节目。当时对角斗表演的需求非常大，于是出现了一个专门的行业——角斗士。大多数角斗士来自奴隶和俘虏，他们是经过训练的职业杀手，为取悦皇帝和当地的领主而搏杀到死，失败的角斗士通常是被胜者或者猛兽杀死，这时，全场人声鼎沸，气氛达到了最高潮。角斗士要进行非常残酷的锻炼，不但要学习使用各种武器，包括匕首、剑、网以及锁链等，还得接受严格的饮食控制。

古罗马竞技场里观看格斗比赛的恺撒。图为竞技场里的格斗士们在向恺撒致敬。

比萨斜塔

比萨斜塔是意大利比萨城大教堂的独立式钟楼,位于意大利比萨城北面的奇迹广场上。该塔是举世闻名的胜景和历史性建筑,也是意大利的象征之一。比萨斜塔的名气并不是由于建筑艺术上的高超与辉煌,而是因为它的"歪斜"成了世界建筑史上的"绝笔"。

比萨斜塔是建筑史上的一座重要建筑,除了显著的倾斜性外,它大胆的圆形建筑设计也向世人展现了其独创性。

倾斜的原因

比萨斜塔为什么会倾斜,专家们曾为此争论不休。后来有两种说法占据上风,一种认为比萨斜塔是在建造过程中不断下沉造成的,另一种认为这种倾斜根本就是建筑师有意而为之。进入20世纪,随着对比萨斜塔越来越精确的测量,使用各种先进设备对地基土层进行深入勘测,以及对历史档案的研究,一些事实逐渐浮出水面:比萨斜塔在最初的设计中本应是垂直的建筑,但是在建造初期就开始偏离了正确位置。

伽利略的实验

传说1590年,伽利略曾在比萨斜塔上将两个同样大小却重量不同的铅球从相同的高度同时抛下,结果两个铅球几乎同时落地,由此证实了自由落体定律。记载这次试验的是他的学生维维安尼,而伽利略和同时代的其他人都没有关于这次实验的只言片语。所以后人对于

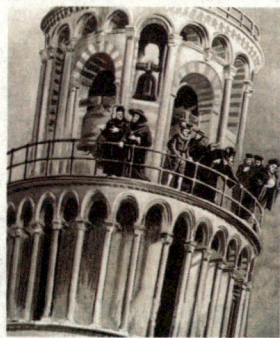

伽利略

1590年,伽利略在比萨斜塔上作了"两个球同时落地"的著名实验。

伽利略是否在比萨斜塔作过自由落体实验，一直存在着争议。然而，这个没有依据的实验却使比萨斜塔和比萨城声名远扬。

奇迹广场的建筑群

比萨奇迹广场上散布着一组宗教建筑，它们是大教堂、洗礼堂、比萨斜塔和墓园。这些建筑的外墙全部用乳白色大理石或石灰石砌成，各自相对独立但又形成统一的罗马式建筑风格。大教堂采用了拉丁十字架式，有些设计高雅别致的柱子作装饰；教堂的正面是洗礼堂，紧接着教堂而兴建；比萨斜塔位于比萨大教堂的后面，于1147年开始建造，是整个建筑群的后期工程。

关闭修缮11年

1990年，比萨塔对外宣布关闭，因为专家评估的结果是比萨塔随时都可能会倒下。为了避免比萨塔继续倾斜，在关闭参观期间，意大利政府试图把它扶正。经过施工，塔顶向中线靠近了约40厘米，已差不多恢复到300年前的轻微倾斜程度，塔身回到了安全范围内，达到了预定的目标。2001年，关闭了11年的比萨斜塔又重新对游客开放。

历史回音壁

辽宁省葫芦岛市的前卫斜塔建于辽代，现存塔高10米，塔身向东北方向倾斜12度。前卫斜塔不仅比意大利比萨斜塔早落成三百多年，而且它的倾斜度超过了比萨斜塔和中外任何一座斜塔，是名副其实的"世界第一斜塔"。

比萨斜塔和比萨大教堂是意大利中世纪最重要的建筑群之一，也是比萨城的标志性建筑。

巴黎圣母院

巴黎圣母院是一座历史悠久的天主教大教堂，也是天主教巴黎总教区的主教座堂。它矗立在塞纳河中西岱岛的东南端，位于整个巴黎城的中心。巴黎圣母院是欧洲早期哥特式建筑和雕刻艺术的代表，集宗教、文化、建筑艺术于一身。

巴黎圣母院花窗玻璃造就了教堂内部神秘灿烂的景象，并表达了人们向往天国的理想。

悠久的建造史

整个教堂全长 130 米，宽 47 米，中部堂顶高 35 米，而且全部建筑用石头砌成，所以法国著名作家雨果形容巴黎圣母院是"巨大石头的交响乐"。据说圣母院前身是为纪念罗马主神朱庇特而建造，随着岁月的流逝，逐渐成为早期基督教的教堂。巴黎圣母院始建于 1163 年，1320 年才竣工。几个世纪内，圣母院屡遭战火破坏，1844 年由建筑大师维奥来·勒·杜克在保持原风格的基础上，加以设计修建，历时 20 年，直到 1864 年才重新开放。

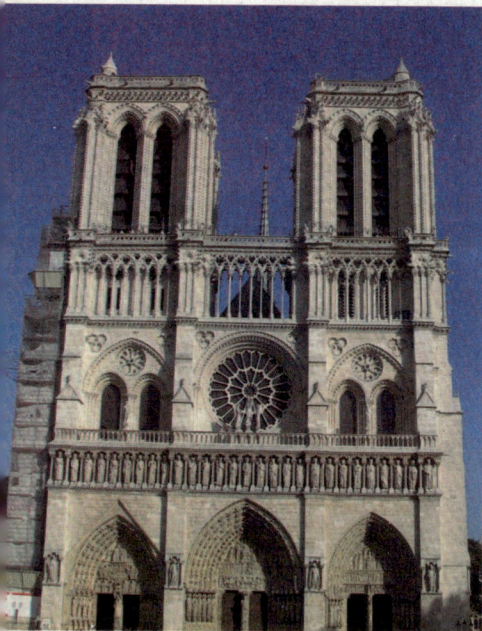

外表雄伟

圣母院坐东朝西，正面风格独特，结构严谨，看上去十分雄伟庄严。它被壁柱纵向分隔为三大块，三条装饰带又将它横向划分为三部分，其中，最下面有三个内凹的门洞。门洞上方是所谓的"国王廊"，上有分别代表以色列和犹太国历代国王的 28 尊雕塑。在尖峭的屋顶正中，一个高达 106 米的尖塔，直直地刺向天空，好像要

图为巴黎圣母院，它那绚丽夺目的三个玫瑰画窗举世闻名。

把人们连同这教堂一起送上天国。教堂正厅顶部有一口重达 13 吨的大钟,敲击时钟声洪亮,几乎整个城市都可以听见。

历史回音壁

巴黎圣母院广场上有法国公路网"零起点"标志,从巴黎到其他地方有多少千米,都是从这个"零起点"开始测量的。而从其他地方到巴黎有多少千米,也指的是到达"零起点"的距离。

正殿宽敞

步入圣母院的正殿,堂内空间宽敞,给人一种秀丽、轻盈和流畅的感觉,几乎没有什么装饰。中央巨大的圆格花窗的直径为 9.6 米,北面的那一侧窗展现的是早期天主教领袖们、宗教司法官和《圣经》中描述的诸帝王如众星捧月一般将圣母供奉在中央的情景。大厅可容纳 9000 人,其中 1500 人可坐在讲台上。厅内的大管风琴也很有名,共有 6000 根音管,音色浑厚响亮,特别适合奏圣歌和悲壮的乐曲。

巴黎圣母院大厅

历史盛典

数百年来,巴黎圣母院一直是法国宗教、政治和重大事件及典礼盛会上演的地方。1302 年,菲利普四世为对抗教皇,在这里召开了市民参加的"总议会";1455 年,民族女英雄贞德的昭雪仪式在此举行,从而洗刷了法兰西的民族耻辱;1804 年,拿破仑在这里加冕称帝;1918 年,巴黎市民为庆祝第一次世界大战胜利而向圣母感恩;1945 年,巴黎市民为战胜德国法西斯在这里举行欢庆活动;1970 年在圣母院为戴高乐将军举行了追思弥撒。

1239 年,路易九世在巴黎圣母院举行了加冕典礼,从此巴黎圣母院在法国政治上拥有了重要地位。图为拿破仑在巴黎圣母院给约瑟芬皇后加冕的情景。

凡尔赛宫

凡尔赛宫位于法国巴黎西南郊外的凡尔赛镇，这座金碧辉煌的法国皇宫无疑是欧洲最宏大、最庄严、最美丽的皇家宫苑，因此被人们称为"举世无双的宫殿"。凡尔赛宫从建成起就成为欧洲古典主义建筑的楷模，被各国皇室竞相推崇与模仿。

凡尔赛宫

宏伟的皇宫

凡尔赛原是一个小村落，1624年法国国王路易十三在这里建造了专供狩猎用的行宫。1661年，路易十四将行宫改造成一座豪华的王宫。该宫于1689年全部竣工，至今已有三百多年历史。全宫占地111万平方米，宫殿气势磅礴，布局严密、协调。正宫朝东西走向，两端与南宫和北宫相衔接，形成对称的几何图案。宫顶建筑摒弃了巴罗克的圆顶和法国传统的尖顶建筑风格，采用了平顶形式，显得端正而雄浑。宫殿外壁上端，林立着大理石人物雕像，造型优美，栩栩如生。

国王套房

国王套房位于凡尔赛宫主楼东面，路易十三的旧狩猎行宫之内。中央部分是国王的卧室，里面有织锦大床和绣花天篷，大床的四周还围着镀金的护栏，天花板上雕刻着名为《法

凡尔赛宫里的国王套房

兰西守护国王安睡》的巨大浮雕。这里是凡尔赛宫的政治活动中心，皇帝通常在这里举行起床礼、早朝觐、晚朝觐和问安仪式。寝宫南边的厅叫牛眼厅，是亲王贵族和大臣候见的场所，牛眼厅的东面是大候见室和卫兵室。

历史回音壁

1661 年，居住在陈旧府邸的路易十四去财政总监大臣富盖新建的府第赴宴，富盖府第的富丽堂皇触怒了路易十四。三周之后，路易十四以贪污营私之罪将富盖投入监狱，嫉妒的心理促使路易十四兴建了豪华的凡尔赛宫。

豪华的镜厅

整个大厅长 73 米，宽 10 米，高 12.5 米，由 578 块当时欧洲制造的最大的镜子拼成 17 面镜墙。即使在夜间，室内仍显明亮。白天，户外的阳光和御花园的景色被引进厅内，镜面反映出园内美景，就如置身在室内花丛中。据载路易十四时代，镜厅中的家具以及花木盆景装饰都是用纯银打造，皇帝和贵族们经常在这里举行盛大的化妆舞会。

镜厅是凡尔赛宫最富丽堂皇的地方，它由敞廊改建而成。

凡尔赛宫镜厅

皇家园林

凡尔赛宫园林位于宫殿西侧，占地 67 万平方米。园内道路、树木、水池、亭台、花圃、喷泉等均呈几何图形，看起来非常的整齐划一。园中道路宽敞，绿树成荫，草坪树木都修剪得整整齐齐，喷泉随处可见，雕塑比比皆是。最令人惊叹的是园内的一条长 1.6 千米的十字形人工大运河，路易十四时期曾在运河上安排帆船进行海战表演，或者布置威尼斯尖舟和船夫模仿威尼斯运河风光。

凡尔赛宫花园一角，花团锦簇。

英国伦敦桥

英国伦敦桥也叫伦敦塔桥，它是泰晤士河上最著名，也是最壮观的桥梁。塔桥面朝泰晤士河出海口，将伦敦南北区连接成一个整体，凡是从海上回来进入伦敦的船只，都会首先看到塔桥的雄姿。伦敦塔桥也是伦敦的象征，有"伦敦正门"之称。

夜间的伦敦塔桥

几经变迁

公元 50 年左右，罗马人在泰晤士河上用木头搭建了最初的伦敦桥。1014 年，英格兰国王为了抵御入侵的丹麦军队，曾下令烧毁伦敦桥。后来伦敦桥经过了多次毁坏和重建，直到 1209 年才建成了石头结构的桥。到了 19 世纪初，经历了六百余年风风雨雨的伦敦桥已经不堪重负，重建的结果是一座由雷尼父子设计和建造的五拱石桥屹立在原桥址西边。这座桥后来于 1968 年卖给了美国企业家麦卡洛。几经变迁后，如今横跨在泰晤士河上的伦敦桥建于 1967 年至 1972 年之间。

方形主塔

伦敦塔桥的桥基上建有两座高耸的方形主塔，高度都是四十多米。这两座方形的五层塔为花岗岩和钢铁结构，塔上面还建有白色大理石屋顶和五个小尖塔，远远看过去很像两顶王冠，非常的雄伟壮丽。两塔之间跨度约有 60 米，塔基和两岸还用钢缆吊桥相连接着。桥内设有商店、酒吧，即使在雨雪天，行人也能在桥中购物、聊

伦敦塔桥是从英国伦敦泰晤士河口算起的第一座桥（泰晤士河上共建桥 15 座），也是伦敦的象征，有"伦敦正门"之称。

天或凭栏眺望两岸风光。

塔桥开桥

伦敦桥桥身分为上、下两层,上层是宽阔的悬空人行道,两侧装有玻璃窗,行人在桥上可以饱览泰晤士河两岸的美丽风光。下层除了可供车辆通行,还有一个叫塔桥开桥的著名的设计:当泰晤士河上有万吨船只通过时,主塔内机器会快速启动,水压的变动会使桥身呈八字形打开,向上折起,等船只通过后,桥身再慢慢落下,恢复车辆通行。而且塔桥自建成至今,用于开桥的机械功能一直正常,从未发生过故障。

当有货轮通过时,塔桥自动开启。

最大的古董

20 世纪 60 年代,伦敦市政局决定拆除已不能适应繁忙交通现状的伦敦桥。精明的英国人别出心裁地将这座拥有 150 年历史的大桥拿出来拍卖,消息传开后,大西洋彼岸的美国富商麦卡洛以 246 万美元买下了这座 12 万吨重的古董。1968 年,他雇人在伦敦桥的 10276 块石条上标记编号,一块一块拆下后全数装上海轮,运到美国的哈瓦苏湖城,接下来在该地将这座桥复原。此举使伦敦桥漂洋过海,落户美国,并成为世界拍卖史上迄今为止最大的古董。

历史回音壁

观光者从伦敦桥上或者泰晤士河畔,都可以望见一艘停在不远处河上的英国军舰。这艘名叫"贝尔法斯特"号的军舰是第二次世界大战以来英国保留得最完整的军舰,被称为泰晤士河上的"钢铁堡垒"。

站在伦敦桥上

科隆大教堂

科隆大教堂位于莱茵河畔拥有悠久历史的德国科隆城。它同时拥有建筑史上三个之最——德国最大的教堂、世界上第三高教堂、建筑时间最长的教堂。教堂的整个格局给人一种浑厚凝重、超凡脱俗的意境，是科隆城内最负盛名的文化遗迹。

科隆大教堂巍峨壮丽，内外的雕刻、装饰极为精致华丽。

天主教圣地

1164年，神圣罗马帝国皇帝、科隆大主教莱纳德征战意大利米兰时，夺得一件珍贵的战利品——朝拜初生基督的东方三圣王的遗骸，这份战利品使科隆成为天主教圣地之一。1238年，法国国王从拜占庭皇帝手中购得耶稣受难时戴的荆冠，于是巴黎成为科隆最强有力的竞争者。为保住圣地的地位，科隆主教团决定修建一座世界上最大、最完美的大教堂，来供奉这份珍贵的遗骸。

教堂兴建史

1911年完整的科隆大教堂

科隆大教堂于1248年开始兴建，后来因为德国宗教改革运动而中断工程，至1880年才竣工，整个工程前后跨越六个多世纪。自教堂完工后，科隆市政府即规定：城内所有建筑不得高过科隆大教堂，以至于造成了科隆许多大楼地上的建筑只有七八层，地下却有四五层之多的特殊现象。

历史回音壁

1942年英美联合空军轰炸德国，科隆位居莱茵河要津，其下游腹地是化工业的集中区，成为挨炸最惨重的城市之一。战争结束时，科隆老城被毁百分之九十。由于德国天主教透过罗马教廷提出要求，这座古教堂才免遭轰炸。

藏品丰富

科隆大教堂里收藏着许多珍贵的艺术品和文物。在那些藏品中，最著名的是成千上万张大教堂的设计图纸、重达 24 吨的大摆钟和一个公元 10 世纪时期的黄金匣。设计图纸成为研究中世纪建筑艺术和装饰艺术的宝贵资料；大摆钟堪称世界各地教堂钟表中的"巨无霸"；黄金匣则是由黄金、宝石和珍稀饰品组合而成的"宝中宝"。除此之外，这里还有最古的巨型圣经、比真人还大的耶稣受难十字架以及教堂内外无数的精美石雕。

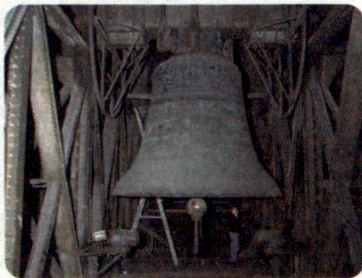

教堂中的大摆钟

完美的哥特式建筑

科隆大教堂共有五层，整个建筑全部由磨光的大理石砌成。教堂占地 7914 平方米，有 10 个礼拜堂，正面有两座尖塔，高达 157.38 米，周围还建有无数座小尖塔。教堂的尖拱屋顶高达 45 米，高耸通透，达到哥特式建筑理想的极致。从大教堂内部可以看到四壁上彩色玻璃镶嵌而成的窗户。窗户上的图案全是《圣经》的故事，面积有 1 万多平方米。当阳光经过这些彩色窗射入，室内斑斓闪烁，俨然一个神的境界。

夜色中的科隆大教堂

埃菲尔铁塔

埃菲尔铁塔屹立在巴黎市中心塞纳河畔，是世界上第一座钢铁结构的高塔，它和纽约的帝国大厦、东京的电视塔一同被誉为三大著名建筑。埃菲尔铁塔经历了百年风雨风采依旧，巍然屹立在塞纳河畔，成为法国人民的骄傲。

埃菲尔铁塔耸立在巴黎市区的马尔斯广场上。它除了四个脚是用钢筋水泥之外，全身都由钢铁构成。埃菲尔铁塔凝聚着法兰西民族的创新精神，彰显着近代科学技术的威力，更流露出巴黎这座文化之都的无穷魅力。

法国的"铁娘子"

埃菲尔铁塔是巴黎的标志之一，被法国人称为"铁娘子"。1885年，法国官方开始计划于1889年在巴黎举行一次规模空前的世界博览会，用以庆祝法国革命胜利100周年。他们希望建造一个可以代表法国荣誉的纪念碑。筹委会在七百多件应征方案里，最终选中了工程师居斯塔夫·埃菲尔的设计：一座象征机器文明、在巴黎任何角落都能望见的巨塔，这座巨塔就是世界闻名的埃菲尔铁塔。

精确的设计和装配

埃菲尔铁塔采用交错式结构，由四条带有混凝土水泥台基的粗大铁柱支撑着高耸入云的塔身，塔身全部用钢铁构成。据统计，埃菲尔铁塔在修建过程中使用的金属制件有1.8万多个，重达7000吨。铁塔在施工之前，设计师埃菲尔预先在自己的车间里面制造好所有的部件，把铁塔上的每个部件事先都严格编号，所

设计者居斯塔夫·埃菲尔

以装配时没出一点差错。铁塔的施工完全依照设计进行，中途没有进行任何改动，其设计之合理、计算之精确让人惊叹不已。

三层瞭望台

埃菲尔铁塔高 320 米，设有 3 层瞭望台。每层瞭望台都有不同的视野，为人们带来不同的情趣。最高层瞭望台离地面 274 米，这里最宜远望，当白天视野清晰时，极目可望 60 千米开外。中层瞭望台离地面 115 米，这里可以看见巴黎的最佳景色，凯旋门、卢浮宫等巴黎名胜清晰可见。最下层的瞭望台面积最大，设有电影厅、餐厅、商店等服务设施，是人们休闲娱乐的好去处。

埃菲尔铁塔是法国人民的骄傲，它在夜色中别有一番韵味。

屡遭非议

现在的人可能很难相信，当埃菲尔铁塔的构想被提出的时候，很多巴黎人甚至是很多法国人都不赞成，反对者中包括颇有名望的莫泊桑和小仲马等人。当铁塔开始破土动工的时候，超过 300 位知名的巴黎市民联署一份请愿书，要求停止这一工程，他们声称埃菲尔铁塔会损害巴黎的名誉和形象。直到铁塔在第一次世界大战中在无线电通讯联络方面作出了重大贡献，才使反对呼声逐渐平息。

天生浪漫的法国人给埃菲尔铁塔取了一个美丽的名字——"云中牧女"。

历史回音壁

因为热胀冷缩的原因，埃菲尔铁塔每年都要完成一次"壮举"——自动升高。当炎热的夏天来到时，铁塔会因为受热膨胀而自动地升高约 17 厘米。但在天气变冷时，它又会像一个受冷的孩子似的自动收缩，直至缩回正常高度。

布鲁塞尔原子塔

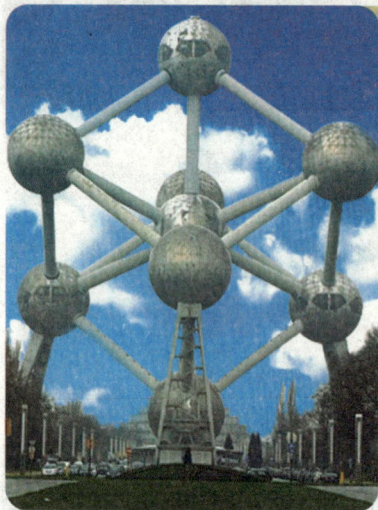

原子塔位于比利时首都布鲁塞尔西北郊的海塞尔公园内,是布鲁塞尔十大名胜之一,有比利时的埃菲尔铁塔之美称。虽然几十年的风雨黯淡了它金属的光泽,却丝毫不影响这座独特的建筑成为布鲁塞尔市三大旅游景点之一。

原子塔仰视图

为世博会而建

原子塔建成于1958年,原本计划只保留六个月。这是比利时政府为当年在布鲁塞尔举办的世界博览会而兴建的一座标志性建筑,承担设计任务的是比利时著名的建筑大师昂·瓦特凯恩。他在设计这座建筑时,独出心裁、别具匠心地根据一个铁分子是由九个铁原子组成的这一原理,专门设计了九个圆球。在这里每个圆球都象征着一个铁原子,圆球与圆球之间又严格按照铁分子的正方体晶体结构组合在一起,从而形成了一个巨大的铁分子。

方案来源

昂·瓦特凯恩当时之所以会设计出这样一个新奇的方案,据说主要是考虑了两个方面的因素。一个是寓意当时的欧洲刚从第二次世界大战的阴影中走出来,正进入经济高速发展时期。创作者选择用庞大的建筑来展示原子结构的微观世界,既表达了人们对发展原子能美好前景的一种展望,同时也象征人类进入了科学、和平、发展和进步的新

历史回音壁

1958年布鲁塞尔世博会的场馆建设地原是一片皇室园林,当时的比利时国王博杜安一世同意在此举办世博会,但要求会后必须将所有展馆拆除。然而当国王见到原子塔后,马上被它的设计震撼了,于是决定保留这座精妙绝伦的建筑。

从原子塔上俯瞰，周围美景尽收眼底。

时代。另一个意思据说是当时的欧共体九个会员国，比利时又刚好有九个省，这样原子塔的整个造型正好成为比利时和欧共体的象征。

奇特的外形

原子球的九个圆球体大小相等，每个球体由长 26 米、直径约 3 米的不锈钢管相连接，而在圆球的内部都装有自动电扶梯，人们在每个圆球之间都可以自由往来。除了顶层的球体是用来观光，其他几个圆球里则设立了以原子能、核技术等为主要内容的展览，其中尤其以宇宙航行的展览最为详实和引人注目，其他还有涉及太阳能、天文、地理与科普知识等方面的展厅，整座原子塔可同时接纳 250 人参观游览。

观光圆球

原子塔中间有一部当时欧洲最快的电梯，仅 23 秒便可把 22 人送到 92 米的顶层圆球。而原子塔的顶层圆球是一个专供游客们观赏风景的观光区，它高约 92 米，大体与法国巴黎埃菲尔铁塔的第二层观光区在同一个高度上。而且四周是六面有机玻璃的大窗，并设有多架望远镜，游客在此可以通过有机透明玻璃窗和望远镜，俯瞰布鲁塞尔市，尽情领略周边的迷人风景。

原子球博物馆的外部用铝包裹，从布鲁塞尔很远处就能看见这座神奇的建筑。它仿佛神话中神仙们居住的宫殿，给人留下了神秘的色彩。

克里姆林宫

　　克里姆林宫位于俄罗斯的莫斯科市中心，是俄罗斯的标志之一。它曾经是历代沙皇的宫殿，又是俄罗斯东正教的活动中心。有一句俄罗斯谚语这样形容雄伟庄严的克里姆林宫："莫斯科大地上，唯见克里姆林宫高耸；克里姆林宫上，唯见遥遥苍穹。"

在夜晚灯光的烘托下，美丽的克里姆林宫犹如童话中色彩斑斓的城堡。

大克里姆林宫

　　大克里姆林宫是克里姆林宫中的主要建筑之一，它的外观为仿古典俄罗斯式，宫殿的正中是装饰有各种花纹图案的阁楼。宫殿内部呈长方形，楼上有露台环绕的总面积达2万平方米的700个厅室。从前，第一层除了处理政务的处所以外，全是沙皇私人宫室，白色宽阔的楼梯通往二层各厅，这里有格奥尔基耶夫大厅、弗拉基米尔大厅和叶卡捷琳娜大厅。

红场

　　红场在俄语中的意思是"美丽的广场"，它是莫斯科最古老的广场，位于克里姆林宫东墙的一侧。红场在历史上经过多次改建，形成了现在南北长695米，东西宽130米，总面积9万多平方米的规模。广场用赭红色方石块铺成，油光瓦亮。广场两边呈斜坡状，使整个红场看起来似乎有点微微隆起。

历史回音壁

　　克里姆林宫的西面，有一个修建于1967年的无名烈士墓，这个墓园是为了纪念二战中牺牲的人们。墓碑上的长明火自点燃那天起一直燃烧到今天。如今各国领导人来到俄罗斯，都会到这里来献花。

格奥尔基耶夫大厅

格奥尔基耶夫大厅是大克里姆林宫中最为著名的殿厅。大厅呈椭圆形,圆顶上挂着六个镀金枝形吊灯。每个吊灯重1300千克,圆顶和四周墙上绘有公元15—19世纪俄罗斯军队赢得胜利的各场战役的巨型壁画。大厅正面有18根圆柱,柱顶均塑有象征胜利的雕像。如今,格奥尔基耶夫大厅是政府举行欢迎仪式的传统地点。

伊凡大帝钟楼

从远处遥望克里姆林宫,有一座建筑高高地矗立在建筑群体中,这个高大建筑就是教堂广场上的伊凡大帝钟楼。伊凡大帝钟楼高81米,是古时的信号台和瞭望台。钟楼的左侧有一门造于1586年,重40吨的炮王,炮口的直径达0.92米,炮前还陈列着4个约重2吨的炮弹。钟楼的右侧是著名的钟王,它高5.87米,直径5.9米,重约200吨,于1735年11月20日铸成,号称世界第一大钟。炮王和钟王这两个庞然大物虽然从未使用过,却显示出了俄罗斯工匠高超的铸造技术。

伊凡大帝钟楼

珍宝馆

克里姆林宫中原有一个大武器库,1720年,彼得大帝将其改建成博物馆。馆内收藏着许多珍贵文物,有历代沙皇用过的物品、工艺品以及掠夺来的战利品。这里的皇冠、神像、十字架、盔甲、礼服和餐具无不镶满宝石,就连车轮直径近两米的沙皇马车,也都镶满黄金,金光灿烂。兵器馆中还另辟一个钻石馆,帘帷重重,灯光幽暗,里面的件件钻石饰品皆为无价之宝。

西班牙艺术科学城

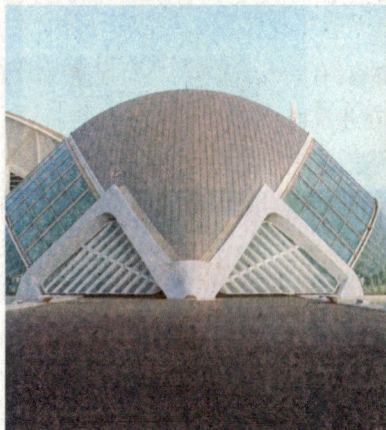

瓦伦西亚市是西班牙第三大城市，这里有一片造型极富想象力的漂亮建筑群——"艺术科学城"，其中包括科学博物馆、海洋世界、歌剧院、天文馆等。该建筑群的主要设计者是西班牙本土建筑师圣地亚哥·卡拉特拉瓦。

动感的设计

瓦伦西亚市是一座历史名城，因其极为优越的地理位置被誉为"地中海的明珠"，该城在历史上曾经一度极其辉煌。如今这里建造了一片造型极富想象力的漂亮建筑群"艺术科学城"，该建筑群主要由本土建筑师圣地亚哥·卡拉特拉瓦设计。参观者似乎可以感受到，建筑的设计中融入了水、鱼、羽毛、船、树、动物骨骼等物质的形态象征，使整座建筑看起来很有动感、很现代、很有想象力。

艺术科学城所在的地区原本属于城市边缘，尚未完全开发，但是因为艺术科学城的兴建，带动了当地经济、旅游和房地产等产业的快速发展。如今该地区已经成为瓦伦西亚市新的高级住宅区和重要观光景点。

河床上的建筑

西班牙的杜利亚河因为曾经泛滥，早已被引导到城外，人们在原来河流所在位置的河床上兴建了西班牙艺术科学城，现在这

鸟瞰西班牙艺术科学城

历史回音壁

瓦伦西亚市位于西班牙东南部，东面濒临着大海，背靠广阔的平原，该城市四季常青，气候宜人，被誉为地中海西岸的一颗明珠。瓦伦西亚市还是西班牙第三大城市和第二大海港。

里已经成为当地居民休闲和旅游者参观的首选地。瓦伦西亚市热情的阳光,蔚蓝的天空,本来就足以让人眩晕,如果夜晚来参观的话,这里的灯光效果也绝对让你震撼,尤其是那亮灯的大剧院与天文馆,在夜幕的衬托下就像一个正在喷射飞行中的巨大飞行物。

"眼睛"科学馆

建筑师卡拉特拉瓦对人体结构研究得非常深入,而"眼睛"更是他极感兴趣的部分。因此卡拉特拉瓦从眼球的概念出发,将抽象的意念转化为建筑实体,设计了艺术科学城中的眼睛状科学馆。这座以眼睛作为设计原点的奇特建筑,不仅造型像人体的眼睛,连外壳也像眼皮一般可以上下开合。清晨科学馆开张时,这个眼睛就缓缓张开眼皮;而当夜晚来临之际,眼皮就逐渐关上,整个科学城进入了休息的状态。

科技馆

"微型四大洋"

海洋馆占地 11 万平方米,用水 4200 万立方米,是欧洲最大的水下生物展览馆。开阔的空间,变幻的光线,以及水与建筑间的和谐统一,共同构筑了一个模拟各大洋图景的亦真亦幻的"水世界"。在这里可以展示整个地球上的海洋空间,各大洋的生物都能在相应的区域里找到。整个海洋馆总共有十个单个的建筑体,分布在不同的空间来展示不同的东西。

海洋馆

蓬 皮杜艺术中心

蓬皮杜艺术中心坐落在巴黎拉丁区北侧、塞纳河右岸的博堡大街,当地人也将其简称为"博堡"。它是一座新型的和现代化的知识、艺术与生活相结合的宝库。人们在这里可以通过现代化的技术和手段,吸收知识、欣赏艺术、丰富生活。

蓬皮杜艺术中心将所有柱子、楼梯等一律"请"出了室外。

蓬皮杜艺术中心的内部 ▼

彩色的"化工厂"

1969 年法国总统乔治·蓬皮杜决定在市政府的北侧,修建一座现代的艺术博物馆。通过向全世界招标,经过多轮的筛选,最终选定了今天的这个方案。这座独特的大楼,钢骨结构,纵横的管道、设备全部暴露在户外。自动扶梯罩在蜿蜒向上的玻璃通道内,还有通风管、水管、电线管,甚至钢铁桁架都在外部一目了然。各种管道根据不同功能,分别漆上红、黄、蓝、绿、白等颜色油漆,难怪人们把这座设计新颖、造型特异的现代化建筑称为"化工厂"。

文化艺术中心

蓬皮杜文化艺术中心由工业创造中心、公共参考图书馆、国家现代艺术博物馆和音乐-声学协调研究所四大部分组成。主要功能是供成人参观、学习,并从事研究。其中音乐-声学协调研究所的功能是让音乐工作者能够利用现代技术设备来从事创造。此外它还承担研制新乐器和各种音响设备的工作。

公共参考图书馆

公共参考图书馆不是传统意义上的那种旧式图书馆，它拥有当代书籍 30 万卷，期刊 2400 种，幻灯片 20 万张，微缩胶卷 15000 个，唱片 10000 张及各种电影、录像、地图、磁带等。馆内设施一律开放，读者可随意翻阅开架图书，也可以通过录像机随意选看介绍各国文学艺术、科技、民俗等情况的电影、录像，音乐爱好者可以戴上耳机自由欣赏自己挑选的唱片。馆内到处都设有放大阅读机和复印机，读者可以随时查阅微缩胶卷和复制资料。

历史回音壁

乔治·让·蓬皮杜（1911—1974），曾经做过政治家、银行董事长、教师，后任法国总理（1962—1968）、法兰西第五共和国总统（1969—1974）。第二次世界大战时任中尉，被引荐给法国临时政府首脑戴高乐。

儿童乐园

艺术中心除了为成人提供服务外，还专门为儿童设置了两个乐园。一个是藏有 20000 册儿童书画的"儿童图书馆"，里面的书桌、书架等一切设施都是根据儿童的兴趣和需要设置的；另一个是"儿童工作室"，4 岁到 12 岁的孩子都可以到这里来学习绘画、舞蹈、演戏、做手工等。工作室有专门负责组织和辅导孩子们的工作人员，以培养孩子们的兴趣，帮助孩子们提高想象力和创造力。

蓬皮杜艺术中心奇特的外形

美国国会大厦

美国国会大厦是美国国会所在地,位于美国首都华盛顿哥伦比亚特区。美国人把国会大厦看做是民有、民治、民享政权的最高象征。国会大厦于 1793 年 9 月 18 日由华盛顿总统亲自奠基,1800 年开始投入使用。

心脏建筑

国会大厦位于华盛顿 25 米高的国会山上,是美国的心脏建筑。整幢国会大厦是一幢全长 233 米的三层建筑,以白色大理石为主料。大厦中央有一座高高耸立的圆顶,也分三层,圆顶上还有一个小圆塔,塔顶直立着一尊六米高的自由女神铜像。她头顶羽冠,右手持剑,左手扶盾,永远眺望东方太阳升起的地方。

美国国会大厦依山而建,气势恢宏,共有 550 个房间。这座乳白色的建筑有一个圆顶主楼和相互连接的东、西两翼大楼。美国民众可以在指定地点领取门票免费参观国会大厦的部分房间。

中央圆形大厅

国会大厦最引人注目的地方是中央圆形大厅,游人一般从被称为"哥伦布门"的东门进入大厅,铜铸的门扇上有哥伦布发现新大陆的浮雕。圆形大厅可以看做是美国政治的缩影:四壁挂有八幅记录美国历史的油画;大厅立着美国的杰出总统石雕;穹顶上则是大型画作,画面中心为美国开国总统华盛顿,华盛顿两侧分别为胜利女神和自由女神,画面

内部的雕像厅

中的其他 13 位女神则代表美国初立的 13 州；圆形大厅南侧还设有专门的雕像厅，里面合立一堂的是美国 50 州的名人像，是美国凝聚力的象征。

国会大厦中央圆形大厅穹顶上的油画

总统就职之地

2009 年，美国举行第 56 次总统就职典礼，奥巴马在美国国会大厦西门外宣誓就职。国会大厦东面的大草坪是历届总统举行就职典礼的地方，从 1829 年安德鲁·杰克逊总统就职之时到 20 世纪末，大多数总统就职仪式都是在这里举行。偶尔也有例外，里根总统和克林顿总统均在国会大厦的西阶举行就职仪式。

历史回音壁

1814 年 8 月 24 日，入侵的英军一把火焚毁了美国国会大厦的南北两翼。幸好当夜一场大雨，才没使这幢大厦完全化为废墟。美国后来在被烧过的大厦上增建了参众两院会议室、圆形屋顶和圆形大厅，并多次改建和扩建。

两院会议室

中央大厅的南面是众议院会议大厅，与众议院会议厅相对称的是中央大厅北翼的参议员大厅。众议院举行会议时，在大厦的南翼升起国旗；参议院举行会议时，则在国会大厦的北翼升起国旗。"9·11 事件"以前，国会大厦向游人免费开放。参众两院举行会议时，有兴趣的公众也可前去旁听。在恐怖活动的阴影下，出于安全的考虑，这一沿袭了多年的传统已有了调整。

气势磅礴的国会大厦

金门大桥

美国金门大桥的北端连接北加利福尼亚，南端连接旧金山半岛。当船只驶进旧金山，从甲板上举目远望，首先映入眼帘的就是大桥的巨型钢塔。金门大桥是世界著名的大桥之一，被誉为近代桥梁工程的一大奇迹。

金门大桥造型宏伟壮观、朴素无华。大桥横卧于碧海白浪之上，如一条凌空的巨龙。大桥的桥身呈现国际橘色，此色既和周边环境协调，又可使大桥在金门海峡常见的大雾中显得更加醒目。

著名的悬索桥

1579年，英国探险家弗朗西斯·德雷克发现了一个连接太平洋和旧金山的海峡。在淘金热的时候，这个海峡是进入金矿加利福尼亚的入口，成为加利福尼亚神秘魅力不可缺少的一部分。人们早就想在金门海峡上修建一座大桥，但这个计划直到1933年才得以实施。因为这座大桥是通往金矿的一扇大门，所以被命名为"金门大桥"。大桥历时四年建成，全长2737.4米，是世界上第一座跨距超过1000米的悬索桥。

巨型钢塔

金门大桥最引人注目的就是耸立在大桥南北两侧的巨型钢塔。钢塔高342米，其中高出水面部分为227米，相当于一座70层高的建筑物。塔的顶端用两根直径各为92.7厘米、重2.45万吨的钢缆

历史回音壁

金门大桥这个名字是19世纪的美国作家兼探险家约翰傅里蒙取的。因为当他最初抵达旧金山，由太平洋进入旧金山湾时，只见整个港口在阳光的照射下闪闪发光，有如"金色之门"一般的灿烂，所以后来这道大桥就被称为"金门大桥"了。

相连，钢缆和桥身之间用一根根细钢绳连接起来，大桥桥体凭借桥两侧两根钢缆所产生的巨大拉力高悬在半空之中，让人觉得气势逼人。

美国金门大桥常被太平洋上的海雾弥漫，像被"截断"一样，故有"雾断金门"之称。

雾断金门

金门大桥的颜色是一种由红、黄和黑混合而成的"国际橘"，因为大桥的建筑师认为这种颜色既与周围环境相协调，又可以使大桥在金门海峡常见的大雾中显得更醒目。金门大桥以浓雾闻名，浓雾常常把大桥淹没，形成"雾断金门"的壮观景象。但大雾同时也是这座钢铁结构的大桥最大的敌人，会使大桥生锈，所以金门大桥的粉刷和维护工作一年四季都在进行。

"金门大桥之父"

1937年，金门大桥完工时，总工程师斯特劳斯在大桥的南桥墩浇筑混凝土之前放入了一块取自他母校俄亥俄州辛辛那提大学的砖头。随着罗斯福总统在华盛顿按下电纽，金门大桥正式对外开放。此后，在70年的时间里，金门大桥的形象逐渐成为旧金山的代言，每年都有大批游客争相目睹它的风采。斯特劳斯作为金门大桥的首席工程师，被誉为"金门大桥之父"，享有20世纪最伟大工程师之一的荣誉。金门大桥尾端有一座雕像，是1938年他逝世后为纪念他而设立的。

人们把金门大桥的设计者、工程师约瑟夫·斯特劳斯的铜像安放在桥畔，用以纪念他对美国作出的贡献。

帝国大厦

帝国大厦位于美国纽约市曼哈顿第五大道 350 号，是纽约市著名的旅游景点之一。大厦建成于上个世纪 30 年代的西方经济危机时期，是美国经济复苏的象征，如今和自由女神一起成为纽约永远的标志。

帝国大厦在 1931—1972 年曾是全世界最高的大楼。

多功能用途

帝国大厦处在曼哈顿岛上最繁华的心脏地区，这里的办公用房是寸土寸金。鉴于大厦名声显赫，许多金融、旅游、保险等行业的大公司，都不惜重金在这里租用办公室。帝国大厦同时也是纽约市最著名的旅游景点之一，每天都有成千上万的游客排着队等候登楼观景的电梯。为了招徕游客，大厦还不断地翻新花样，不但酒吧、夜总会等娱乐设施样样俱全，而且内部的博物馆还经常会举办各种各样的展览。

变化的彩灯

自 1964 年起，大厦上面的 30 层外表全部都用彩灯装饰起来，灯光通宵闪亮在曼哈顿的夜空上。大厦上的第一盏灯原是一架探照灯，当年安装的目的是让曼哈顿 80 千米以外的公众能知道罗斯福当选为总统的消息。1956 年，被称为自由之光的旋转灯也安装到了大厦顶部。1984 年，大厦顶层又装上了自动变色灯，使灯光的表现力更加丰富多彩。由于纽约华人华侨众多，

历史回音壁

帝国大厦的顶层一直是许多电影取景的地方，自大厦建成后，共有九十多部电影选择这里作为取景点，其中 1933 年的电影《金刚》及 2005 年的新版中，金刚最后都是爬到帝国大厦顶端，然后被战斗机攻击身受重伤、摔落地面而死。

帝国大厦上面30层的外表全部用彩灯装饰，这些彩灯通宵闪亮，色彩十分绚烂，使得夜幕下的帝国大厦更加美丽。

从2001年开始，帝国大厦每年都会在中国春节期间，每晚点亮象征吉祥的红、黄两色彩灯。

建筑奇迹

帝国大厦当时的建设速度是每星期建四层半。这在当时的技术水平下，已算是惊人的了。整座大厦最后提前了五个月落成启用，一共耗时410天，成本比预计的5000万美元减少了10%。根据估算，建造大厦的材料约有33万吨，包括5660立方米的印第安纳州石灰岩和花岗岩，1000万块砖和730吨铝和不锈钢。如此的建设速度和建设成果，不能不承认它曾经是建筑史上的一大奇迹。

帝国大厦成为很多新人向往中举行婚礼的场所。

"婚礼大厦"

自1994年以来，帝国大厦已成为青年人到顶层举行婚礼和纽约人庆祝情人节的传统场所。在这里举行过婚礼的人，就能成为帝国大厦俱乐部的成员，每年情人节都可以免费重返帝国大厦。不过，要取得在大厦举行婚礼的资格并不容易，新人要写信给帝国大厦，描述他们为什么要在大厦举行婚礼，之后大厦根据申请人的情况和是否有原创性等条件，挑选出最佳人选。

韦莱集团大厦

韦莱集团大厦原名"西尔斯大厦",是位于美国伊利诺伊州芝加哥的一幢摩天大楼。这座大厦是 SOM 建筑设计事务所为当时世界上最大的零售商西尔斯百货公司设计的办公大楼。在 1974 年落成时,是当时世界上最高的大楼。2009 年 7 月 16 日正式更名为韦莱集团大厦。

韦莱集团大厦

改名换姓

2009 年,总部在伦敦的保险经纪公司韦莱集团,同意租用该大楼的很大比例作为办公楼,同时作为合同的部分条款而取得了该建筑物的命名权。2009 年 7 月 16 日,该建筑物官方命名正式改为韦莱大厦。西尔斯曾经是美国最大零售商,不过近年来已经被沃尔玛等后起之秀抛在身后。1973 年,这座大楼完工后就成为西尔斯总部所在地,但上世纪 90 年代初,西尔斯集团搬出了该大楼。

高耸入云的韦莱集团大厦在阳光的照耀下,仿佛镀上了一层金色的光晕。

束筒结构

韦莱集团大厦的造型有如九个高低不一的方形空心筒子集束在一起,挺拔利索,简洁稳定。不同方向的立面,形态各不相同,突破了一般高层建筑呆板对称的造型手法。这种束筒结构体系是建筑设计与结

历史回音壁

"九一一事件"发生后,美国投资约 650 万美元加强大厦的安全措施。其中包括:为大楼安装了更多的数码相机;任何人进入大楼必须持安全卡;警力增加;改善了大楼内部与政府部门及外界的通信联系等。

构创新相结合的成果。整个大厦平面随层数增加而分段收缩。在51层以上切去两个对角正方形，67层以上切去另外两个对角正方形，91层以上又切去三个正方形，只剩下两个正方形到顶。这样，既可减小风压，又取得外部造型的变化效果。

设施完备

韦莱集团大厦高442.3米，地上108层，地下3层，总建筑面积42.4万平方米。大厦采用了当时最先进的消防系统。楼内的自动喷水装置在火警发生时可将水自动喷洒于任何地点。位于大厦不同高度上的屋顶平台在火警时可用于安全疏散。大厦中安装了102部电梯。一组电梯分区段停靠，从底层有高速电梯分别直达第33层和66层，再换乘区段电梯至各层；另一组从底层至顶层每层都可停靠。

韦莱集团大厦入口

设计单位SOM

SOM建筑设计事务所是美国最大的建筑师-工程师事务所之一。SOM的名字取自设计师斯基德莫尔、组织者奥因斯和工程师梅里尔三人姓氏的首字母。对于每一个重大项目，这三位合作者中有一人负责同业主打交道，一人负责具体事务，一人负责选择和支持设计师作出尽可能完善的设计，而对设计过程尽量不加干预。SOM的作品遍及美国等世界上四十多个国家，当之无愧地成为世界上规模最大的综合性事务所之一。

韦莱集团大厦由建筑师布鲁斯·格雷厄姆和结构工程师法兹勒汗所设计。图为布鲁斯·格雷厄姆和他的搭档法兹勒汗。

纽约中央火车站

美国纽约中央火车站不但是世界上最大最忙的火车站,也是全球最大的公共空间。有评论家曾经用这样的语言赞美这个车站,说它是"一件华贵的建筑,曼哈顿中部最重要的一部分,工程上如一个天才般的杰作"。

最忙碌的车站

纽约中央火车站由美国铁路大王范德比尔特建造,车站始建于 1903 年,1913 年开始正式使用。车站落成后,附近的公园大道上如雨后春笋般出现了许多饭店、办公大楼及豪宅,因此这里也成为当时全曼哈顿岛地价最高的地区。迄今为止,纽约中央火车站仍然是世界上最大也是美国最繁忙的火车站,拥有 44 个站台,有两层铁路在地下,地下一层有 41 条铁轨,地下二层有 26 条铁轨,每天到站和离站的列车有 500 个班次,有 50 万人进出。

纽约中央火车站,除了揭示新大陆对于普通大众公共空间的重视,也彰显了火车旅行的黄金年代。图为中央火车站的外观。

艺术的候车厅

车站最吸引人的地方就是候车大厅,大厅里的主楼梯按照法国巴黎歌剧院的风格建造,拱顶由法国艺术家黑鲁根据中世纪的一份手稿绘制出黄道 12 宫图,共有 2500 多颗星星,星星的位置由灯光标出,一通电源便满目生辉。星空穹顶所绘的天空完全是反向的,据说,因为这是从上帝的视角俯瞰星空,所以与人类的视角刚好相反。另外,星空位置也和真实位置不一样,它们是根据中世纪时期的星空图描绘的。

火车站大厅拱顶的 12 宫图。

入口处的雕像

火车站正面的入口处上方,有一组仿希腊式雕像群组。雕像正中戴羽毛帽的是墨丘利,他是罗马神话中的商业之神,右边为智慧女神密涅瓦的雕像,左边则是海格立斯,代表道德,让人们感受美国繁华之外的道德精神文化。这组古希腊人物雕像的下方还有一个巨大的雕像时钟,安安静静地嵌在浮雕之中,好像在向每一个匆匆的旅人们问候着。这组雕像群设计与雕刻均出自大师之手,可以说是极具艺术价值。

火车站正前方精美的雕像艺术

温馨的吻室

中央火车站还有一个非常有名的吻室。上世纪三四十年代,是铁路运输的黄金时期,那时从美国的西海岸到东海岸的火车非常少,那些远道而来的乘客们,包括一些政要和各界名人,在下了火车之后,就是在吻室与迎接他们的亲朋好友们拥抱接吻,这也是吻室这个温馨特别的名字的由来。而且旅客一般是在吻室见面后,才会乘坐电梯前往著名的比尔特莫旅馆。

中央火车站大厅

古根海姆艺术馆

所罗门古根海姆艺术馆是世界著名的私立现代艺术博物馆，坐落在美国纽约市的第五大道。由于最早在世界博物馆业引入和运用"文化产业"的概念，艺术馆获得了巨大的成功，而他们的运作方式也被世人称为"古根海姆模式"。

白色海螺状的古根海姆艺术馆

热爱艺术的古根海姆

纪的美国一个十分有影响力的瑞士血统家族。按照有教养人的习惯，在精英云集的环境下，古根海姆和他的妻子在博爱和审美的传统中长大，成为热心的艺术赞助人，并积累起很多古代大师的作品。后来他建立了以自己名字命名的艺术馆，作为世界上最著名的西方现代艺术馆之一，该馆的收藏基本上是印象派以后各名家的作品，尤其是抽象艺术品的收藏更是居于世界各博物馆之首。

艺术馆的建立者叫所罗门·古根海姆，他生于19世

历史回音壁

所罗门古根海姆艺术馆的藏品非常珍贵，有塞尚、克利、马奈、凡·高、毕加索以及莫奈等大师的作品。其中凡·高的《圣雷米的群山》和毕加索的《熨衣服的女子》可以称之为"珍品中的珍品"。

从第五大道所摄的古根海姆艺术馆正面。

白色海螺外观

该建筑为建筑大师赖特晚年的杰作。1947年进行设计，1959年建成后，一直被认为是现代建筑艺术的精品，以至于五十多年来艺

术馆中的任何展品都无法与之媲美。建筑外观简洁，呈白色螺旋形结构，与其他任何建筑物都迥然不同，可以说外观像一只茶杯，或者像一条巨大的白色弹簧，可能是因为螺旋结构也有人说像海螺。艺术馆在 1969 年又增加了一座长方形的三层辅助性建筑，1990 年再次增建了一个矩形的附属建筑，之后就形成了今天的样子。

斜坡状大厅

艺术馆分成两个部分，大的那个是六层的陈列厅，小的是四层的行政办公部分。陈列大厅是一个倒立的螺旋形空间，高约 30 米，大厅顶部是一个花瓣形的玻璃顶，四周是盘旋而上的层层挑台，地面以 3% 的坡度缓慢上升。参观时观众先乘电梯到最上层，然后顺坡而下，参观路线共长 430 米。艺术馆的陈列品就沿着坡

艺术馆的屋顶天窗

道的墙壁悬挂着，观众边走边欣赏，往往在不知不觉中看完展品，这种设计显然比那种常规的一间套一间的展览室要有趣和轻松得多。

艺术馆群的总部

古根海姆艺术馆是古根海姆基金会在全世界创立和管理的数个艺术馆的通称，包括以下分馆：所罗门古根海姆艺术馆（纽约）、佩吉·古根海姆艺术馆（威尼斯）、毕尔巴鄂古根海姆艺术馆（西班牙毕尔巴鄂）、德意志古根海姆艺术馆（柏林）和古根海姆艺术馆（拉斯维加斯）。纽约古根海姆艺术馆全称所罗门·古根海姆艺术馆，是古根海姆艺术馆群的总部。

所罗门古根海姆艺术馆内部结构

流水别墅

流水别墅是现代建筑的杰作之一，它位于美国宾夕法尼亚州匹兹堡市郊区的熊溪河畔，由美国著名的建筑大师弗兰克·劳埃德·赖特设计。因为别墅的主人是匹兹堡百货公司的老板考夫曼，所以又叫考夫曼住宅。

流水别墅内部

块状结构组合

流水别墅一共有三层，面积约为 380 平方米。二层是别墅的主入口层，以起居室为中心，其余房间向左右铺展开来，别墅外部是块状结构的组合，这样的设计使得整个建筑物带有明显的雕塑感。两层巨大的平台高低错落，一层平台向左右延伸，二层平台向前方挑出，几片高耸的片石墙交错着插在平台之间，使别墅造型的力度感看起来非常强。

设备齐全

流水别墅的设备非常齐全，我们可以见到水平伸展的地坪、小桥、便道、车道、阳台及棚架，它们沿着各自的延伸方向，越过山谷而向周围凸出。巨大的露台扭转回旋，恰似瀑布水流曲折迂回地自每一平展的岩石突然下落一样。别墅内部主要的一层几乎是一个完整的大房间，并且有楼梯与下面的水池相连。起居室由四根支柱所

历史回音壁

流水别墅房间的对角处留有玻璃封闭的小窗户，这样的设计有两大好处：一来可以隔开小溪的水声，营造一个安静的生活环境；二来也可以防止过多的水汽渗入，使室内不至于潮湿。

弗兰克·劳埃德·赖特是20世纪美国最重要的建筑师之一。

支撑,中心部分是以略高的天花板和中央照明来突出其空间领域。

最上镜的别墅

流水别墅建成之后就名扬四海,受到世界各地人们的喜爱和推崇。据说流水别墅还是全世界最上镜的、被拍摄得最多的私人住宅。1963 年,别墅主人考夫曼的儿子决定将这座引人注目的著名住宅献给当地的政府,以供人们参观。交接仪式上,考夫曼还致辞对赖特的这一杰作进行了感人的总结。

绿树环绕的流水别墅

天人合一

流动的溪水及瀑布是建筑的一部分,永不停息。溪水由平台下怡然流出,建筑与溪水、山石、树木自然地结合在一起,像是由地下生长出来似的。别墅似乎全身飞跃而起,坐落于宾夕法尼亚的岩崖之中,指挥着整个山谷,超凡脱俗,建筑内的壁炉是以暴露的自然山岩砌成的,瀑布所形成的雄伟的外部空间使整个山庄更为完美,在这儿自然和人悠然共存,呈现出天人合一的最高境界。

多伦多电视塔

多伦多电视塔也叫加拿大国家电视塔,位于加拿大安大略省的多伦多市,是加拿大最重要的广播电视信号发射塔。该塔是世界上最高的自立构造,也是多伦多市的标志性建筑和游客的必访景点。

兴建历史

电视塔是由经营铁路、公路运输、旅馆和电讯等业务为主的加拿大国家铁路公司兴建的,于1973年2月6日破土动工,1976年6月26日落成并对公众开放,全部工程耗资4400万美元。因为这座塔是用加拿大国家铁路公司的英文缩写命名的,所以叫CN塔。电视塔自上而下由基座、观景台、"天空之盖"和天线塔四部分组成。由于该塔设计新颖、独特,一建成便很快誉满全球。

多伦多电视塔被美誉为"世界建筑史的奇迹",从远处望去,它就像一枚插在地面上的尖针。

观景台

观景台内有旋转餐厅、室内游乐场以及可以让你呼吸到真正新鲜空气的户外瞭望台。电视塔最独特之处是在观景台所建的玻璃地面,这块呈扇形的玻璃地面让几乎每个尝试踏越这块地面的游客都是战战兢兢的,如果再俯视玻璃下面如蚂蚁般微小的地面景物,更是惊心动魄。不过,还是有不少"冒险"者愿意走上去一偿心愿,将多伦多的美景尽收眼底。

观景台的外形酷似一只轮胎。

"天空之盖"

"天空之盖"高达443米,是电视塔中白色"针"的基座,也是世界上最高的空间瞭望

历史回音壁

20世纪六七十年代，多伦多市迅速建起了许多摩天大楼，使原来较低的电视塔发射出的广播电视信号很容易被屏障掉，电视及调频广播的质量受到很大的影响。为了改变这一状况，加拿大人修建了更为高大的多伦多电视塔。

台，这里只有在风速不强的情况下才会开放。据说天气晴朗的时候，能见度可以达到120千米以上，游客站在这儿，可以眺望多伦多城市的全景，如果极目远望的话，甚至能够看得到尼亚加拉瀑布和美国纽约州的曼彻斯特。

多伦多美丽的夜景

天线塔

电视塔的最顶端是电视发射天线，那里是电视、广播发射台。天线全高102米，由42节钢架叠置而成。据说当初为了安装这些巨大的金属天线，载重量达10吨的巨型起重直升机用了20多天时间，进行了55次吊装，才将这个重量级的天线塔安装完毕。从地上仰望，天线塔银光闪闪，宛如一把利剑，直刺蓝天。

多伦多电视塔自建成以来，一直保持着高水平的运营标准，并在运营中不断进行改进和升级，以确保其顶级地标建筑形象。

时间宝瓶

多伦多电视塔正式开放时，有一个小小的"时间宝瓶"被嵌进了观景台的内墙中。这个瓶子中装了一封当时的总理杜鲁多、各省省长和来自不同学校的小朋友的贺信，多伦多星报、多伦多太阳报和环球邮报有关电视塔开放的新闻，以及电视塔建造、封顶的影像纪录。这个宝瓶将要在多伦多电视塔100岁生日，即2076年时才会被打开。

悉尼歌剧院

悉尼歌剧院不仅是悉尼艺术文化的殿堂，更是悉尼的灵魂和澳大利亚人的骄傲。它矗立在悉尼港湾的贝尼朗岬角，地处三面环海的开阔地带，是悉尼市的标志性建筑。歌剧院1973年正式落成，2007年6月被联合国教科文组织评为世界文化遗产。

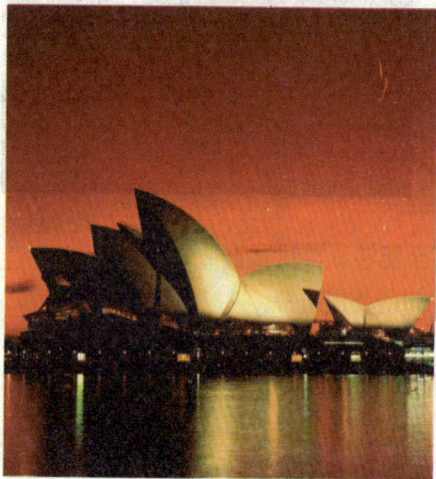

夜色下的悉尼歌剧院

橘子瓣启发灵感

1956年，澳洲政府向海外征集悉尼歌剧院的设计方案，丹麦37岁的年轻建筑设计师约翰·乌特松在看到征集广告后，凭着从小生活在海滨渔村的生活积累所迸发的灵感，完成了自己的设计方案，并在激烈的竞争中脱颖而出，获得了成功。按乌特松后来的解释，是那些剥去了一半皮的橘子启发了他，才使其突发灵感，设计出新颖特别的歌剧院造型。这一创意来源也由此刻成小型的模型放在悉尼歌剧院前，供游人们观赏这一平凡事物引起的伟大构想。

"三组贝壳"

悉尼歌剧院的外观为三组巨大的"贝壳"，耸立在南北长186米、东西最宽处为97米的钢筋混凝土结构的基座上。第一组贝壳在地段西侧，成串排

历史回音壁

歌剧院共耗时14年建成，为了筹措经费，澳洲政府除了募集基金外，还曾发行悉尼歌剧院彩券。建筑师约翰·乌特松于1966年离开了澳洲，从此再未踏上这篇土地。当时歌剧院还正在建造中，所以乌特松没有亲眼目睹过自己的经典之作。

列,三对朝北,一对朝南,内部是音乐厅;第二组在地段东侧,与第一组大致平行,形式相同而规模略小,内部是歌剧厅;第三组在它们的西南方,规模最小,由两对贝壳组成,里面是贝尼朗餐厅。

音乐厅

音乐厅是悉尼歌剧院最大的厅堂,可以容纳 2600 名观众,通常用于举办交响乐、室内乐、歌剧、舞蹈、合唱、流行乐、爵士乐等多种表演。位于音乐厅正前方的大管风琴,是这个厅内最大的亮点。这架由 10500 个风管组成的大管风琴,号称是全世界最大的机械木连杆风琴,由澳洲艺术家所设计建造。此外,为忠实呈现澳洲自有的风格,整个音乐厅建材使用的全部是澳洲自产的木材。

音乐厅悬挂的那些具有梦幻效果的圆环,并不是用来照明的,而是为了改善音响效果所设的装置。

歌剧厅

歌剧厅拥有一千五百多个座位,主要用于歌剧、芭蕾舞和舞蹈表演。为了避免在演出时墙壁反光,厅内的墙壁一律采用暗光的夹板镶成,采用这样的装置,演出时可以有圆润的音响效果。舞台还配有两幅法国织造的毛料华丽幕布:一幅图案用红、黄、粉红三色构成,犹如道道霞光普照大地,叫"日幕";另一幅用深蓝色、绿色、棕色组成,好像一弯新月隐挂云端,称"月幕"。

发现大楼

发现大楼位于澳大利亚的墨尔本市,除了是整个墨尔本的高层建筑,大楼也是仅次于昆士兰第一大厦的全球第二高的纯住宅。它还拥有全球最高的夜总会和南半球最高的观景台。

发现大楼

建筑史

由FKA设计师事务所于1998年开始着手设计的发现大楼,是一项综合物业的一部分,整个项目包括办公楼、公寓、观景台、三星级旅馆、购物商场、停车场等,发现大楼是该项目的公寓部分,设有观景台,于2005年建成,楼高297.3米,共91层。建成后一度是全球最高纯住宅,但这个记录很快就被黄金海岸的昆士兰第一楼Q1大楼所取代。

历史回音壁

发现大楼设于86层的豪华套房是全球第二高,首位是芝加哥的约翰汉寇克中心。发现大楼采用高新技术虚拟设计,这些三维设计建筑技术都是现时最先进的,使一些在二维平台上根本无法完成的工作得以顺利完成。

最高的夜总会

发现大楼现在还维持着一个全球记录,那就是拥有全球最高的夜总会。这个夜总会设在大楼的第87层处,高度达到278.53米。里面除了设有酒吧、餐厅、活动室等基本的娱乐场所外,还装了两部全澳

大楼内部的娱乐场所

大利亚最快的电梯，以飞快的速度接载顾客，务求令来宾乐而忘返。

360 度观景台

大楼打造了一个高 2.1 米并且突出于大楼之外的观景包厢。这个观景台所用材料全部是强化玻璃，可以承受十几吨的重量，还能够抵受得住狂风的吹袭，绝对的安全。站在这个透明的观景台上，游客可以360 度尽情观赏墨尔本的美景。想要前往试试胆量的观光客，只要搭乘快速电梯，用 40 秒时间就可以到达。

名称来源

发现大楼的名称和设计都不是凭空而来的，发现大楼的名称来源于1854 年维多利亚淘金热期间的尤利卡栅栏事件。大楼的设计也结合了该事件，其中的金冠象征着维多利亚淘金热，红条纹象征冲突发生时的喋血。大楼的蓝玻璃外墙代表尤利卡栅栏事件旗帜的蓝色背景，而白线则代表尤利卡栅栏事件旗帜。

豪华公寓

公寓住户和租户入住在地下至 80 楼，"最高级楼层"位于82 ~ 87 楼，每层只有一个公寓房间。每个公寓房间有原价 700 万澳元的价格标签，但费用只用于购置公寓空间，装备公寓房间还会收取额外的费用。2006 年 11 月，大楼正式落成使用。

屹立在墨尔本的发现大楼

麦克默多站

美国麦克默多站是南极最大的科考站，它位于南纬78°、东经166°的南极大陆上。科考站建于1956年2月，不但建有世界最南的港口，还有可供轮式和雪橇式飞机起降的机场，也有处理海洋、气象、冰况的地球物理数据的卫星系统。

麦克默多站一角

两种科考站

从20世纪50年代起，许多国家的科学家相继来到南极进行实地考察，他们在这片洁白的土地上建立了多个科学考察站。在南极洲建立的科学考察站一般分两种：一种是设备、建筑都较简易的夏季考察站，仅供考察队在南极夏季宿营和工作，在严寒的冬季就关闭；另一种考察站称为常年科学考察站，是为了长期开展南极综合性多学科考察而建立的。站址选择要求高，建设和维持费用大，站上还得备有各种功能建筑用房，麦克默多南极科考站就属于常年科学考察站。

"南极第一城"

来到麦克默多站的探险队员

在麦克默多站的各种实验室里，每年都有大量的科学家从事各学科的考察研究。每到夏季，麦克默多站车水马龙，热闹非凡，就像一座现代化的城市，所以有"南

历史回音壁

麦克默多湾是美国南极科考站和新西兰科考站所在地，意大利科考站也在附近不远处。这座长达160千米、面积3000平方千米的巨型冰山曾经是南极探险的主要中心。位于麦克默多湾以西的麦克默多干燥谷，是南极大陆唯一没有冰雪覆盖的地方。

极第一城"的美称。

规模最大的科考站

麦克默多站是所有南极考察站中规模最大的一个，有各类建筑二百多栋，包括十多座三层高的楼房。麦克默多站是美国南极研究规划的管理中心，也是美国其他南极考察站的综合后勤支援基地。这里建有一个可以起降大型客机的机场，还有大型海水淡化工厂以及大型综合修理工厂，除此之外，麦克默多站的通讯设施、医院、电话电报系统、俱乐部、电影院和商场等设施一应俱全。

作为深冻行动的一部分，运输船每年为此站输送三千万升的燃油，五千吨的补给和装备。图为2006年深冻行动中美国燕鸥号补给舰在卸货。

《在世界的尽头》

影片《在世界尽头相遇》是一部关于南极的纪录片，获得了第81届奥斯卡最佳纪录片奖提名。为了记录上千名科学家在南极地区的科研工作与艰苦生活的真实细节，本片导演沃纳·赫尔佐格与摄影师彼德·齐特林格专门跑到南极麦克默多科考站拍摄了此片。片中除了描述麦克默多站的生活，还拍摄了很多南极洲的壮丽景色，让人们很好地领略到了这块神奇大陆上的无限风光。

从附近山丘眺望麦克默多站

策 划

刘　刚

主 编

田战省

责 任 编 辑

金敬梅　王　贺

文 字 编 写

马孟婕

装 帧 设 计

李亚兵

图 片 编 排

张艳玲